"十二五"农民培训重点图书

● 北京市村级全科农技员培训教材

参与式农业推广工作方法

王德海　主编

中国农业科学技术出版社

图书在版编目（CIP）数据

参与式农业推广工作方法/王德海主编. —北京：
中国农业科学技术出版社，2012.8
北京市村级全科农技员培训教材
ISBN 978-7-5116-1005-8

Ⅰ.①参… Ⅱ.①王… Ⅲ.①农业技术推广—技术培训
—教材 Ⅳ.① S3-33

中国版本图书馆 CIP 数据核字（2012）第 169198 号

责任编辑	李　雪　史咏竹
责任校对	贾晓红
出版发行	中国农业科学技术出版社
	北京市中关村南大街 12 号　邮编：100081
电　　话	（010）82106626　82109707（编辑室）
	（010）82109702（发行部）　82109709（读者服务部）
传　　真	（010）82109707
网　　址	http://www.castp.cn
印　　刷	北京富泰印刷有限责任公司
开　　本	880 mm×1230 mm　1/32
印　　张	7.5
字　　数	220 千字
版　　次	2013 年 2 月第 1 版　2014 年 10 月第 2 次印刷
定　　价	32.00 元

《北京市村级全科农技员培训教材》
编　委　会

《参与式农业推广工作方法》
编 写 人 员

主　　编：王德海

副 主 编：石尚柏　张丽红　魏荣贵

参编人员：王德海　石尚柏　张丽红　魏荣贵

　　　　　潘卫风　时允昌　何　津　金　湜

　　　　　雍佩佩　杨振浩　刘　勇　杜　晋

　　　　　王　淇

序

　　现代农业发展离不开现代农业服务体系的支撑。在大力推进北京都市型现代农业建设过程中，基层农技推广体系在推广新品种、新技术、新产品，促进农业增效、农民增收、开发农业多功能性方面起到了重要作用。

　　为进一步促进农业科技成果转化、建立和完善基层农技推广体系，北京市委市政府决定从2010年起在每个主导产业村选聘1名全科农技员，上联专家团队、下联产业农户，以村为单元开展"全科医生"式服务。到2012年年底，在10个远郊区县设立2172名村级全科农技员，实现全市60%远郊区县全覆盖，75%农业主导产业村全覆盖。通过近3年的试点探索，取得了一定的成效：一是明确了村级全科农技员岗位的工作职责和服务标准；二是全面开展了以公共知识、推广方法、专业技能三种类型的专项培训；三是加强了绩效考核，初步形成了以服务农户为核心的日常监管体系；四是探索创新了组织管理机制。几年来，全科农技员对本村农业产前、产中、产后进行技术指导与服务；调查、收集、分析本村农业产业发展动态和农户公共服务需求；带头示范应用新技术、新品种、新产品；以农民最容易接受的方式、最便捷的途径和最快的速度解决农民生产过程中的技术问题，成为了农民身边的技术员，形成了基层农技推广体系在村级的服务平台。

　　为提高村级全科农技员的技能水平和综合素质，北京市农业局组织编写村级全科农技员系列培训教材。该系列教材涵盖了农民亟须的职业道德、参与式农业推广工作方法、农业政策法规、农产品质量安全、农产品市场营销、计算机与现代网络应用等公共知识和种植、畜禽养殖、水产、农机、林果花卉等专业知识，致力于用通俗易懂的语言，形象直观的图片展示，实用的技术与窍门，最新的科技成果，形成一套图文并茂、好学易懂的技术手册和工具书，提供给全科农技员和京郊广大农民学习和参考。

北京市农业局党组书记　局长

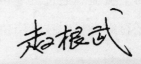

前　言

　　《参与式农业推广方法》是一本以农民需求为导向的参与式农业推广工作指南，是为基层农业推广人员提高工作水平而编写的一本工具书，本书的使用对象是基层广大农业推广工作者。

　　建设社会主义新农村是我国现代化进程中的重大历史任务。中央强调要按照生产发展、生活宽裕、乡风文明、村容整洁、管理民主的要求，坚持从农村实际出发，尊重农民意愿，扎实稳步推进新农村建设。对于农业推广人员来说，学习参与式农业推广方法对于提高建设社会主义新农村的自觉性并创造性地开展工作具有很重要的现实意义。

　　实践表明，农业推广人员要做好推广工作，不仅需要有专业技术知识，更需要掌握农业推广方法。一些推广人员由于自己比农民拥有较多的农业生产知识，往往会认为自己比农民高明，将自己的主要任务定位在如何教育农民，沿袭自上而下的行政命令为主的工作作风，这是做不好农业技术推广工作的。参与式农业推广的理论与方法更多地强调农业推广人员与农民进行平等沟通，学会与农民一起工作，在工作中注意向农民学习。在承认乡土知识价值的基础上，更多地花精力去了解农民的需求，鼓励农民参与，提倡运用沟通干预的手段改变农民自愿行为的思维方式和工作方法。因此，学习和运用参与式农业推广方法将有助于改善推广人员与农民的关系，提高分析和解决农村实际问题的能力。

一名优秀的农业推广人员的综合素质往往体现在其组织能力和管理水平上。组织能力和管理水平是一种工作能力的体现，工作能力的增强需要思想和观念的更新和正确理念指导下的实践。动员、组织、培训和系统管理是农业推广人员致力于人力资源开发的结果，倾听、演讲、培训和主持等是农业推广人员必须具备的基本技能。用参与式农业推广的理论和方法指导实践，可以帮助农业推广人员更加有效地与农民开展沟通，有效地运用和组织资源，在当地有限的环境条件下，找到农民需求与政府政策以及所能够提供服务之间的结合点。学习参与式农业推广方法将有助于推广人员在知识和信息系统管理的理念指导下开拓性地思考和创造性地工作，促进科技成果转化和适用技术落地。

基于上述认识，作者编写了这本手册。需要强调的是，学习参与式农业推广方法不仅要读，更重要的是用。推广人员只有确立明确的目标，带着问题，在用中学，在开展具体的活动中有针对性地使用才能更有效果。

本书是参考相关文献和总结编者在多年农业推广方法的具体教学和培训工作经验的基础上编写而成的。由于编者水平有限，内容难免疏漏，以及因时间和篇幅所限不能详尽之处，敬请读者批评指正，提出宝贵意见。

编　者

目录
CONTENTS

第一章
参与式农业推广方法概述

第一节
什么是参与式农业推广方法

要比较清楚地了解什么是参与式农业推广方法，首先需要知道什么是农业推广和农业推广人员的角色定位。

一、什么是农业推广

中国农业推广学有三大来源：一是中国的农业推广实践；二是来自国外农业推广的理论与方法论；三是来自相近的学科如社会学、市场营销学、经济学、心理学以及其他行为学科的理论与方法论。

对于农业推广理论和方法的理解，从狭义到广义，可以分为几个不同层面。

（一）农业推广定义

1. 农业推广是一种农业技术扩散活动

我国《农业技术推广法》中将农业技术推广定义为：农业技术推广

1

是指通过试验、示范、培训、指导以及咨询服务等，把农业技术普及应用于农业产前、产中、产后全过程的活动。

上述定义说明，农业推广是一种农业活动，更准确地说，是农业活动中的一种技术扩散活动，因此也称为农业技术推广。

推广学中将新技术的扩散称为创新的扩散。

一个完整意义上的技术推广循环是从试验后的示范到采纳的全过程。这里所说的采纳不是个体的采纳行为，而是群体的采纳行为。

从技术扩散的意义上理解农业推广，是指自上而下的过程，即技术人员将研究成果或新技术传播给农民的过程，也可以是从农民到农民的传递关系，或者从农民到研究人员的传递关系。对于这一点，我们在后面的章节会讨论。

2. 农业推广是一个帮助农民发现问题、分析问题和解决问题的过程

对上述定义也可以这样表述：农业推广是农业推广人员通过与农民一起工作，有意识地运用信息沟通手段来帮助农民发现问题、分析问题，形成准确的判断并做出合理决策的过程。

农业推广是一个公共机构开展的职业化的沟通干预活动，是一个为了改善农村人口生计而与农民一起工作的过程。在这个过程中，推广工作者通过与农民一起了解农业和农村发展现状，发现、讨论和分析农民所遇到的问题，提供相关的信息，将农民的经验和现有的科技知识结合起来，与农民一起找到解决问题的方法。

帮助农民发现、分析、解决农民自己的问题是农业推广的核心理念。农业推广的对象应该是人而不是物。农业推广的对象是那些从事种植业或养殖业以及其他产业的农民。

农业推广人员不是简单的从事农业技术试验和示范的技术人员，而是要在澄清农民的问题和需求的基础上，考虑如何根据国家产业发展政策，帮助农民解决问题。这里需要强调的是，在农业推广活动中，农业推广人员不是为农民或替农民解决问题，而是"帮助"农民解决农民自己的问题。

　　农业和农村发展的核心主体是由农民组成的农户。农户是一个集生产、经营和生活为一体的最小单元。农户的需求具有"多维"特征，如图 1-1 所示。

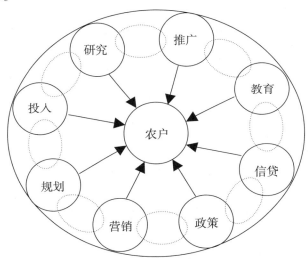

图 1-1　农户的多元化影响

　　许多有关的组织都会对农户的行为产生影响，这种影响是通过知识传递来实现的。要改善推广服务的质量，提高推广服务水平，必须建立以农户为中心的服务理念，与农民建立起相互依存、相互合作的关系。

　　3. 农业推广是农业推广人员通过运用沟通的手段改变农民自愿行为的活动

　　农业推广的最终目标不是推广的技术成果所达到的面积和规模，而是通过沟通来改变推广对象的自愿行为。

　　（1）行为改变的含义

　　人的行为是指在一定的社会环境中，在人的意识支配下，按照一定的规范进行并取得一定结果的客观活动。行为的改变是指行为变革者通过对人的行为的研究，利用不同的外加手段，达到引导、优化人的行为的目的。行为改变是对行为的强化、弱化和方向引导。而在行为改变中最重要的便是对行为的激励。所谓行为激励，简单的说指的是激发人的行为动机，使人产生内在的行为冲动，朝向所期望的目标前进的心理活动过程。

（2）行为改变原理

人类行为并非是由某种单一原因引起的，而是多种因素综合作用的结果。这些影响因素构成了环境，通过人类与其环境的动态交互作用才产生了行为。因此，从某种意义上讲，行为是个体同其感知到的环境相互作用的结果。但是，并非个体环境里的全部因素都影响个体的行为，只有那些能为个体所感知的环境因素，才能影响个体的行为。

（3）农民自愿行为及自愿行为的改变

农民的自愿行为指农民出自本身的意愿所表现的行为，不是任何具有强迫意义上的行为。在农业推广中的农民行为改变，包括帮助农民决策的一面，也包括向农民学习的一面。农业推广人员帮助农民改变行为的过程，同时是为农民服务的过程。在世界上许多地区，农民变成了积极的用户群体，具备对行为变革者所施加的不合理权力的抵消力。农民自己雇用推广人员来为他们服务，农民有权力通过对推广人员的工作评价决定是否继续聘用。这时候，农民既是推广人员的雇主，又是服务对象。推广不是强迫农民行为改变的手段，而是诱导农民自愿行为改变的工具。通过沟通改变农民的自愿行为是农业推广的核心理念。

行为的自愿改变来自本身对旧有行为的认识和评价，或是肯定或是否定。肯定预示着行为的延续，否定预示着行为的结束。因此，自愿行为的改变是指农民自觉地用一种新的行为方式替代原有的行为方式的过程。农民的自愿行为改变或行为的自愿改变实际上是通过农民的学习行为来实现的。因此，启发农民的学习动机，给农民以他们需要的知识、技能，帮助农民自主决策是农业推广组织和其人员所遵循的一个最重要的策略。

对于改变农民的行为来说，推广是一种相对较弱的干预手段。自愿行为的改变必须要具备以下 3 种条件：①人们想要改变；②人们知道怎样去改变；③人们有能力去改变。如果推广要求农民去做他们不想做的事情，或不知道怎样去做的事情，或没有能力去做的事情，推广都不能达到预想的效果。在这3个条件中，推广只能在一定条件下去做前两项的工作，第3个条件的满足不是推广所能提供的。例如：推广可以使农民意识到提高某些技术或管理技能的重要性、迫切性，使农民对某项创新感兴趣，使他们理解、学会所需要的知识或技能，增强信心和决心等。需要指出的是，即使农民有了动机和必要的知识，但没有足够的土地，缺乏投资的贷款，没有配套的水利设施以及优良的种子、高效的肥料和农药或其他必要的条件，同样不能改变旧有的行为。同样，如果推广要求农民采纳一种粮食增产的新技术，但市场上粮食的价格很低，不足以使农民盈利，在这种情况下，即使唤起农民的采纳动机和学习的欲望也是很困难的。可见，推广只有在其他条件都具备的情况下才能起作用。

（4）农民自愿行为改变的途径

一般来说，农民自愿行为改变的唯一手段是沟通。在利用沟通这一手段的时候，更重要的是做到推广人员与农民的目标一致和推广人员与农民的知识共享。

目标一致性和利益一致性是决定自愿行为改变的两个重要的基本因素。推广是政府的政策工具，又要在农民自愿条件下达到行为改变的目的，推广的这两点固有特征说明了推广是处于矛盾中的一种职业活动。政府的目标和农民的目标有时是有区别的。依托于政府行政部门的农业推广工作者（这里不包括各种民办推广组织在内，例如农业技术协会等）有时需要在政府所赋予的使命的压力和对维护农民利益的责任感之间来开展工作。因此，推广职业要求政府与农民目标确定的相对一致性。也就是说，只有政府的目标与农民的目标达到相对一致的条件下，作为利用沟通干预来实现农民自愿行为改变的推广才能发挥作用。

推广人员与农民之间要知识共享。农民决不是无决策能力的，如果必要的资源条件得到满足的话，他们可以根据自己已有的知识做出他们认为合理的决策。因此，实现农民的自愿行为改变需要推广人员与农民相互交流、相互学习，做到知识共享。

（二）农业推广的目标与任务

1. 农业推广的目标

一般来说，农业推广的具体目的：①普及农业科学技术知识；②提高农民产、供、销技能；③改进农业生产方式方法；④改善农村生活环境；⑤提高农民生活技能（社交、文化娱乐等）；⑥提高农民素质；⑦提高农民收入；⑧改善农村组织；⑨改变农民传统价值观为现代价值观；⑩改变农民自愿行为。

2. 农业推广的任务

农业推广的具体任务：①协助政府制定和执行农村发展计划；②开展农业技术试验和示范活动；③开展信息咨询服务；④指导农民合理利用自然资源；⑤组织农业推广培训等。

总之，农业推广要为农民着想，要为农民做那些想做而做不到的事情，提供有利于农民自愿改变行为的信息，使农民成为有决策能力的经营者和管理者。

（三）农业推广与农村发展的关系

1. 农村发展的含义

农村发展是一个综合概念，包括农村经济、社会的全面发展。长期以来，大多数人认为所谓的发展就是指经济的快速、持续增长。其实经济增长并不等于发展，没有发展的经济增长是危险的，必须从经济增长与社会发展的协调性上全面评价发展的内容和实质。

1979年联合国粮农组织召开"世界农业改革和农村发展会议"通过"原则宣言和行动纲领"，即《农民宪章》，提出农村发展包括3项内容：①农村人口各个阶层的发展；②农业和农村中其他非农产业的发展；③农村经济和社会的综合发展。因此，农村发展的定义为："农村发展是指农村的社会、经济、文化、政治、资源、环境、人的综合发展等各个领域的全面进步，要求各个领域的协调发展。也就是说，农村发展不但包括农村社会的经济增长和经济发展，同时也包括社会稳定、民主参与、社会平等、妇女地位的提高和生态环境的改善。总之，农村发展是指农村社会全面综合有序协调的发展"①。

2. 农业推广与农村发展的关系

农业推广的总目标是农村发展。特别是十一届三中全会以来，建立了县级农技推广中心，开展多种形式的技术咨询服务等，对完善统分结合的农村联产承包责任制和农业的发展作出了很大贡献。

农业推广在农村发展的不同阶段有不同的任务。例如，过去在资源稀缺的情况下保证粮食安全是一个很重要的问题，因此千方百计提高单产是农业推广的主要任务。随着社会主义市场经济的深入，农民收入问题变为一个突出问题的时候，农业推广的主要任务要转移到农民增收上来。因此，如何在注重粮食安全的同时，注意畜牧业及其他与农民增收相关的产业与种植业的平衡发展，如何在保证产前、产中和产后技术服务的同时注意通过提供农产品市场信息和农民组织的发展来实现农产品与市场的对接便成为农业推广关注的一个主要问题。

农业推广通过提高人的素质来诱导农民行为的自愿改变从而为实现农村发展总目标作出贡献。农村发展目标的实现需要依赖于人的发展或者说人的素质的提高。要提高人的素质需要开展对个人与群体的能力建设，而这种能力建设应该是贯穿于人们生产生活中的发现问题、分析问题和解决问题的能力建设。农业推广的主要职责正是通过沟通与咨询服务，使农村人口知识和技能得以提高，使得他们的态度和行为得到改变。

3. 农业推广在农业和农村发展中的作用

农业推广在我国农业和农村发展中起到很重要的作用。

（1）农业推广对农业现代化的推动作用

农业推广是推动农业发展和提高农业现代化水平的主要力量。邓小平提出"农业的发展，一靠政策，二靠科技。"发达国家在推动农业发展

---

① 叶敬忠，刘晓昀. 现代发展的内涵及其在国际发展项目中的应用 [M]. 农村发展研究. 北京：中国农业大学出版社，2002.

的过程中总结出，没有发达的农业推广就不会有发达的农业，也就不会有农业现代化的实现。据专家分析，美国的农业产量增长的81%、劳动生产率提高的71%归功于科学研究及其成果的推广应用。

2012年科技部和农业部宣布，"十一五"末我国科技进步对农业增长的贡献率由"十五"末的48%提高到53.5%，农业科技发展迈上了新台阶。大多数发达国家农业科技的贡献率都在75%以上，德国、英国、法国等国超过了90%，以色列在20世纪80年代就已达到96.7%。根据中国农业科学院的初步估测，中国农业科技水平与先进国家水平总体差距10～15年。中国中低产田面积约占全国耕地面积的2/3，灌溉水的利用率和化肥当季利用率均低于40%，主要农畜产品的单产水平和农业劳动生产率水平均低于发达国家，小麦、水稻、玉米、大豆等主要粮食作物平均单产水平仅为高产国家的40%～60%，每个农业劳动力生产的农畜产品数量与发达国家相差很多倍。也就是说我国的农业科技成果的转化率还很低，农业的科技含量还很低。要提高农业的现代化，就必须加强农业科学技术的推广。

（2）农业推广对农业技术转化为生产力的促进作用

农业推广是农业科研成果转化为现实生产力的桥梁。一项农业科研成果只有当其推广到生产实践中时，才能体现其价值。如果没有推广这一重要的中间环节，无论这项科研成果多么先进、多么具有生产的可行性都只能停留在潜在的生产力阶段，而不能转化为现实的生产力。农业推广对农业科研成果转化为现实生产力有两方面的作用：①将现有农业科研成果转化为便于农民应用的实用技术；②将实用技术转化为农民的采纳行为。

（3）农业推广对解决"三农"问题的关键作用

早在2003年初举行的中央农村工作会议上提出，实现全面建设小康社会的宏伟目标，最繁重、最艰巨的任务在农村，没有农民的小康就没有全国人民的小康。农业是农民从事的职业，农民是从事农业的劳动者，农村是农民生产生活和居住的社区。农民和农村问题集中反映在农民收入增长缓慢的问题上。提高农业推广工作质量是建立起农民增收长效机制的一个重要措施。

（4）农业推广对帮助农村人口改变自愿行为的作用

现代的农业推广工作已经突破了单纯的技术推广的范围，农业推广的对象也由技术向人转变，农业推广越来越重视农村人力资源的开发。通过推广将知识与信息传播给农村居民；通过教育与培训等使农民接受知识，提高农业生产和经营管理能力。农业推广工作者还针对农村老年、妇女、青少年等不同对象提供相应的咨询服务工作，提高农村居民的生活技能。

农业推广人员通过应用各种沟通手段改变农民的知识、技能、价值观念、态度，最终实现农民自愿行为的改变，这是其他途径所不能实现的。许多农业推广项目的实践证明，农业推广可以使农民认识到提高某些技术或管理技能的重要性和迫切性，使农民积极参与到农业和农村的发展的事业中来；通过自下而上与自上而下的工作方法的结合，提高了农民分析问题和解决问题的能力。在实践中，通过广泛的参与，使农民逐渐提高自我组织与自我决策能力。当前在我国的农业推广工作中，这种通过沟通手段达到的知识、技能和态度变化所导致的农民自愿行为的改变的过程不仅可以反映在农民对新技术的采纳行为上，也可以表现在农民参与扶贫规划、小额信贷、建立各种协会和其他社区发展的实践活动中。

（5）农业推广对提高农村人力资本的作用

我国的农村劳动力人口的素质相对较低，成为国民经济发展重要的制约因素。根据 2005 年的抽样调查数据，我国城镇劳动力的平均受教育年限为 9.38 年，农村劳动力为 6.80 年[①]。农民较低的科技文化素质既制约了科技成果的转化率，同时也制约了农村劳动力的转移，减缓了我国现代化的进程。从某种意义上说，解决三农问题的关键是提高农村人口素质，

[①] 中国社科院人口与经济研究所．人口与劳动绿皮书 [R]. 2009 年 9 月．

而提高农村人口素质，建立学习型农村应该是农业推广的一个主要职责。

二、什么是参与式农业推广

（一）参与式农村发展途径

为了理解参与式农业推广，首先需要了解参与式农村发展途径。参与式农村发展途径是指一定区域的社区内农民，在发展工作者的协助下，采用适当的参与式工具和方法，分析自己、家庭和社区以及自然资源与社会经济环境的问题、需求、发展机会、制约因素和解决途径，并进而对发展活动进行规划、实施、管理和监测、评估的过程。参与式农村发展途径实际上是一种理念、指导思想、思维方式和工作思路。

从一般意义上讲，参与就是参加的意思。世界银行在 2001 年曾经给参与下定义："参与是一个利益相关者能够影响并可以控制对他们有影响的发展动机、决策和资源的过程"。从这个意义上说，参与是指参与者要能够对所参与的事情有影响力和控制力。所以，如果实际上不存在这种"影响力"和"控制力"的情况下不能标榜为发生了"参与式"。一般来说，参与的含义可以衍生为以下几个要点：

（1）所有利益相关者都应该有机会加入所参与的工作过程中。

（2）参加者必须有同等机会发言。

（3）参与者能够自由地表达自己的需求。

（4）利益相关者的多元化思想（包括价值观、兴趣点、当地知识和需求）必须得以表达并有可能被加以考虑。

（5）参与者要有最大程度的"拥有感"或"所有权"。

（6）参与必须能够导致为参与者"赋权"。

（7）利益相关者之间的权利不均等现象需要尽可能纠正。

（8）参与式过程中如果有自上而下的干预发生是非法的。

（9）干预者的角色主要是协助批判式的学习和对话。

（10）参与过程必须具有灵活性和内容具体化。

（11）参与过程必须以共同的协议和相互尊重为基础。

（二）农业推广的变化

从世界范围内来看，农业推广正在发生着一些带有规律性和普遍性的变化。这种变化主要表现在农业推广目标对象从物向人的变化；农业推广主体从单一化向多元化的变化和农业推广模式从主导式向参与式的变化。

1. 农业推广目标对象从物向人的变化

早期的农业推广大多数属于技术指导性的农业技术推广。农业推广是一种单纯的以改良农业生产技术为主要内容，以提高农业生产水平为目的的技术推广。推广工作者是农业技术员，他们仅限于农业生产技术知识，不具备农业推广学的知识，不认为沟通是农业推广的主要手段，更强调用自己的专业技术知识解决生产中的实际问题。如果将国外推广专家和中国推广人员开展推广工作的不同方式进行比较，就会很清楚地了解到这一点。

当接到一个农户报告水稻地发生病虫害之后，一位中国的技术员马上向他知道的地块跑，到稻田认真诊断分析，得出诊断结果，并提出解决办法或防治措施。他不在乎是否与这位农民见面，只要他解决了问题，提出了防治方法，通过什么方式将信息转给这位农民就行了，关键是他见到了水稻病虫害的症状，提出了防治方法。一位国外来的推广专家不同，他首先要找到这个农民，然后与农民一起讨论问题，一起到水稻田进行观察和诊断，并亲自告诉农民所推荐的防治方法。作为一名推广专家，他认为关键不是稻田的病虫害防治知识，而是与农民的交流。表面看起来是水稻发生了问题，实际是人的问题，是种水稻的人不具备关于水稻病虫害的防治知识才发生了问题。

过去我国的农业推广的目标一直定位在技术转移上面，即农业推广人员的职责仅仅是农业技术的引入，因而衡量农业推广人员的工作绩效也常常以推广面积或规模作为检验指标。随着推广学的普及，我国推广工作者中有更多的人认识到，推广对象不是物而是人，是通过改变人的知识、技能和态度，从而改变人的行为。从物向人的变化实际上是推广模式从外源发展型向内源发展型的变化，从组织"输血"向构建"造血"功能的变化，从技术转移向人力资源开发的变化。

2. 农业推广主体从单一化向多元化的变化

农业推广主体指农业推广的组织者或职能机构，它是以将推广对象作为客体来定位的。长期以来，世界上许多国家包括一些发达国家都是以政府推广机构为主体，政府聘用推广人员，在国家计划统一安排下开展农业推广工作。近年来，许多国家政府农业推广机构私有化，这是因为：①政府财政预算减少，使得政府继续资助推广机构变得困难；②与政府推广机构比起来，私有化机构被公认为更有效率并更能提供农民所需要的信息；③对于政府来说，如果农产品过剩是一个严重问题的话，对于继续资助推广机构增加这些过剩的产品没有意义；④如果农民变得更专业化，个体农民从推广中受益的可能性增加。除此之外，由于推广人员从政府的单位中领薪水，往往不太在意农民的需求，因此，农民作为接受服务者没有控制服务质量的权利。在服务的满意程度上，一些国家的经验表明：政府推广组织提供服务的质量以及农民的满意度水平远远低于农民协会提供的服务。最近一些年来由非政府组织、农民协会、农民专业合作化组织、民营企业以及私人开展的农业推广活动越来越多。在中国，以政府为主体，多种推广主体并存和相互合作的多元化农业推广体系正在发展中。

3. 农业推广内容由单一技术型向综合发展型的变化

农业推广的内容随客观条件的变化而变化。我国自解放以后，农业推广总是以农业技术推广为主要内容。随着农村经济体制的改革，随着我国改革开放和社会主义市场经济的发展，我国农业、农村和农民的状况都在发生变化。农业推广仅仅以农业技术为内容显然不能满足"三农"的需要，除去生产技术以外，还需要商品生产与交换的信息；商品运输、储藏、保鲜、加工的技能；分析当地资源发展支柱产业的知识与技能；

农民组织起来应对市场变化的知识和技能；市场营销、信息传播技术和有关法律法规、金融、环保以及农村生活（教育、卫生、健康、娱乐等）等方面的知识。也就是说，农业生产者为了适应客观形势的发展，需要上述新知识、新技术、新技能。

根据我国社会主义新农村建设的要求，农业推广的内容正在由单一技术型向综合发展型转变。综合发展包括农、林、牧、副、渔的农业生产，也还包括公共健康、医疗保险、环境卫生、村落发展、环境保护、资源管理、公共福利和社会组织等在内的社会经济整体发展。因此，农业推广内容一定要根据发展的阶段做向农村发展一体化的战略性的调整。

4. 农业推广方法从主导式向参与式的变化

主导式农业推广是指以行政命令的工作方式开展农业推广的做法。在主导式农业推广中，农民与推广人员的关系被看作是枪弹与靶子的关系，是医生与病人的关系。因此，反映在推广方法上往往是以推广人员为中心的劝服过程。如果说在一个经济发展水平比较低的社会环境下，这种主导式农业模式还能起到一定作用的话，随着农村经营体制、生产结构的调整、经济发展水平的提高和信息社会给人们带来的信息透明化程度的增强，这种主导式的推广模式越来越遇到执行过程中的阻力。也就是说，农业推广模式越来越朝向参与式的方向变化。

参与式的农业推广模式与主导式的农业推广模式完全不同，它以农民为中心，以农民需求为基本出发点，承认农民的经验和乡土知识的价值。在农业推广过程中，农民享有充分的知情权、发言权、分析权和决策权。推广人员对农民的劝服过程转变为信息共享的过程，相应的农业推广方法也从单向沟通向双向沟通变化。农业推广方法在中国，随着许多外援项目的开展，参与式的概念越来越深入人心，参与式推广模式也在对传统推广模式的变化发挥着越来越大的影响力。

（三）参与式农业推广的含义

参与式农业推广是在农业推广过程中农民能够发挥"影响力"和

"控制力"的农业推广。在推广的计划、实施和评价过程中要给农民提供参与的机会，也就是赋权给农民，使农民享有农业推广的知情权、参与权、发言权、分析权、决策权。

参与式农业推广要求推广人员要从农民需求出发，与农民一起工作，通过帮助农民自己发现问题、分析问题和解决问题的过程，提高农民的自我发展能力。

参与式农业推广中的沟通不是表现为线性的信息的传者和受者，而是由研究者、推广人员和农民组成的一个知识系统，在这个系统中，每个角色在不同时间起着不同的作用。

三、什么是参与式农业推广方法

（一）参与式农业推广工作方法的定义

参与式农业推广方法是指农业推广人员在与农民一起工作的时候所使用的方法，这种方法不是自上而下的行政命令方式，而是自下而上的一整套在调查和讨论基础上群体决策的方法。简言之，参与式农业推广方法是开展参与式农业推广使用的方法，它是以参与式农村发展途径为指导的、以参与式农村评估技术为基础的、以农民需求为导向的工作方法。

（二）参与式农业推广工作方法的特点

参与式农业推广工作方法的特点介绍如下。

1. 综合性

多学科交叉组成工作小组并形成团队，而不是单学科、个人开展工作。工作小组构成包括当地人和外来者；男性和女性等不同利益相关者。

2. 参与性

当地人与外来者一起开展数据收集和分析。

3. 灵活性

参与式农业推广工作方法不是一种标准化的方法，使用取决于目的、资源、技能和时间。参与式农村工作方法使用了一系列技术和工具（画图、分类、排队、打分等），相当灵活、而不死板，形象具体；注重小组讨论、交流、形成共识，而不主要靠个别访谈、分析；着重定性的比较，而不是精确的度量。

4. 简约性

参与式农业推广工作方法可以适当的忽略、适度的欠准确。调研内容、范围不超过需要的；有比较就够的时候，不去度量。我们受过的训练是要计量出绝对数字，而实际中往往需要知道的是趋势、打分或排序结果。注重成本和时间的效率；将充分的机会给予分析和计划。

5. 可视性

可视性也称可视化，是指所有参与式农村工作方法工具都是用一种透明公开的形式将讨论过程和结果明确地展示在所有参与者面前的一种工作形式，它是参与式农村工作方法工具的一个突出特点。比较明显或经常采用的可视化工具例如在小组访谈时采用大白纸，贴在墙上，作为讨论的记录纸，代替以往的个人记录本。可视性工具的优点有：①成为大家讨论问题时集中注意力的焦点；②有利于参与，使文盲、半文盲、妇女、儿童也能参加讨论；③简单、明了地表示复杂的事物和发展过程；④消除疑虑、鼓励参与、促进有效的小组讨论；⑤便于总结、核对、联想，激发人们对事物的思考与分析。

可视性表现在沟通的方式上。与仅用语言交流的方法比较起来，可视化工具最主要的是改变了传统意义上的人际沟通的方式方法，两者的一些具体区别见表1-1。

表1-1　语言化工具和可视性工具的比较

表现方面	语言化工具	可视化工具
调查者的目标	了解情况，获取知识	了解情况过程中启动并促进当地农民自己的分析
调查者的工作方式和角色	信息获取者	协助者和变化过程的催化剂
当地农民反应的方式和角色	"你问我答"式的回应者	讲解者、研讨者、分析者
信息交流的媒介、材料的决定者	调查者	当地农民
信息流的走向	顺序性的	逐渐积累性的
当地农民意识到调查者存在的程度	高	低
当地农民与调查者相互之间眼神的接触	高	低
信息对于其他人的可得性与持续性	低、一次性	高、具有一定的持续性
信息间核对的责任	在调查队成员之间	当地农民和调查队成员一起
信息的归属	由调查者保存	分享，可以由当地农民所有

第二节
参与式农业推广方法的形成与发展

参与式农业推广方法是国际农村发展的成果，其形成和发展一般需要追溯到 20 世纪 60 年代绿色革命以来的农业研究与推广的发展历程。这一时期有代表性的发展研究成果包括绿色革命、农事系统研究（后来的农事系统研究与推广和农事系统研究与发展）、快速农村评估、参与式农村评估和农业知识与信息系统。这些研究成果从某种程度上回答了一个重要的价值观问题，即到底谁有知识？另外，它解决了在知识传播链中的知识与信息的传播方向问题，发现了乡土知识的价值。而农民的可尊敬地位的树立和乡土知识价值的发现是参与式农业推广方法形成的基础。为了便于学习，本节在回顾参与式农业推广方法的形成与发展的历史轨迹之外，也介绍一些相关的具体内容。

一、绿色革命

世界上自 19 世纪以来先后发生过四次农业革命：即 19 世纪 90 年代农业"机械革命"；20 世纪初的农业"化学革命"；20 世纪前半叶"杂交育种革命"，以及 20 世纪下半叶出现的第一次绿色革命。

（一）绿色革命的概念

"绿色革命"一词，最初只是指一种农业技术推广。20 世纪 60 年代初某些西方发达国家将高产谷物品种和农业技术推广到亚洲、非洲和南美洲的部分地区，促使其粮食增产的一项技术改革活动。其中有代表性的国际发展组织援助和研究机构如国际小麦玉米改良中心、国际水稻研究所研究出来如"墨西哥小麦"和"菲律宾水稻"等的新品种，在一些国家推广后，曾使粮食产量显著增长。绿色革命的主要特征是把小麦和水稻的高秆变矮秆，另外辅助于农药和农业机械，从而解决了 19 个发展中国家粮食自给问题。但它导致了化肥、农药的大量使用和土壤退化的环境污染问题和贫富两极分化的社会问题。

20世纪西方国家大规模投资农业科学研究，导致农业产量戏剧性的突破。现代化种植模式、农业科学技术的发展、化肥和农药的使用加速了提高产量的进程。在20世纪下半叶，绝大多数发达国家获得了稳定的食物供应，消除了饥饿的威胁。但是，这些先进的农业技术在发展中国家应用缓慢，主要原因是殖民统治者对殖民国家的农业生产基本上没有投入。随着殖民国家的独立和解放，这些国家的人口以历史性的速度快速增长。在20世纪60年代中期，饥饿和营养不良成为普遍现象。特别在亚洲，一些国家日益依赖富裕国家的食品援助。接连不断的旱灾使印度已经不稳定的局势更加恶化。洛克菲勒基金会和福特基金会率先建立了一个根据发展中国家的不同条件，帮助应用先进农业技术的国际农业研究组织。第一笔投资就是用来研究发展中国家两种最重要的农作物：水稻和小麦。种植改良后的品种，与化肥、农药、灌溉的扩大利用相结合，导致在亚洲和拉丁美洲从20世纪60年代后期开始，农业产量戏剧性的增加。美国国际开发署官员威廉姆第一次用"绿色革命"这个词来描述这种农业大发展的现象。

（二）绿色革命的问题

1. 收入不平衡导致两极分化

大的农场主是新技术的主要受益者，因为他们有条件得到灌溉水、化肥、种子和贷款；小的种植户没有受益，甚至受到伤害。绿色革命降低了农产品价格，抬高了投入价格，实行了机械化作业，大的农场主就采取增加租金的方法迫使承租人离开土地，因此，使农村的就业机会减少和工资水平下降。

由于在政策上的缺陷，使农业条件好的地区受益，而不发达边远地区的小农由于不能获得必要的条件（如资金、灌溉等），往往拒绝接受新技术，不能从中受益。地区间的发展不平衡进一步扩大，两极分化严重，农村贫困状况恶化。

在自上而下的传统农业研究和技术推广体制下，技术从试验站产生，然后自上而下地传给农民，由于研究人员与农民间的隔离，缺乏对农民所处真实环境的了解，往往通过对农户的目标、管理策略和生产中存在限制因子的一般性假设来指导技术创新，结果这种传统农业研究产生的技术与小农所处社会、经济环境及农户目标不一致，遭到农民的拒绝。

2. 导致环境损害

过多的和不适当的使用化肥和杀虫剂造成了严重的水污染，屡屡发生的农民中毒、杀死益虫和其他野生动植物事件。过度灌溉导致了土地盐碱化，不得不放弃一些原来肥沃的耕地。在一些大量利用井灌的地区，造成地下水位下降。由于主要种植几种绿色革命推广的农作物品种，导致农业品种多样性的丧失。

3. 推广的品种不适于旱地种植

绿色革命推广的品种存在要求肥水条件高、不适于旱地种植等问题。这些品种仅在灌溉条件好和降雨充沛的地区得以大面积推广，而在降雨稀少的地区则难以种植。

4. 高产作物中矿物质和维生素含量很低

20 世纪 90 年代初，又发现绿色革命推广的作物品种中矿物质和维生素含量很低，用作粮食常因维生素和矿物质营养不良而削弱了人们抵御传染病和从事体力劳动的能力，最终使一个国家的劳动生产率降低，经济的持续发展受阻。

二、技术转移

早期的农业推广被理解为"自上而下"的技术转移，即由研究机构产生知识或技术、推广机构将这种知识或技术传递给农户，然后期望农户应用这些知识或技术。技术转移模式是一种以政府推广机构为主导的线性的行政层级的推广方式。为了实现政府的农业发展目标，政府推广机构作为唯一的推广服务提供方，利用行政手段自上而下地开展农业推广计划、实施和评价工作。

通过世界银行的调查发现，在 20 世纪 70 年代以前，许多发展中国家几乎没有真正意义上的高效推广服务。线性的技术转移模式的农业推广主要问题表现在：①推广组织松散；②推广职责不清；③推广人员任务重且待遇低；④推广人员培训少，知识老化；⑤推广缺乏与研究的联系；⑥推广人员社会地位低；⑦推广成本高、效率低。

三、农事系统分析

农事系统分析是 20 世纪 70 年代至 80 年代在国际、国家农业研究系统内兴起的国际农业和农村发展的热点专题。农事系统分析是指对目标农事系统进行系统结构与功能分析，确定系统及其所处环境的特点，分析存在的问题及其机会，并对其排序，确定需进一步深入研究和解决的问题的一种农业研究与推广分析方法。农事系统分析强调农业系统分析要以农户为中心，促进了农业研究和推广的联系。采用农事系统分析的方式开展的称为农事系统研究，在发展活动中应用农事系统理念和工作方式称为农事系统途径或农事系统分析。

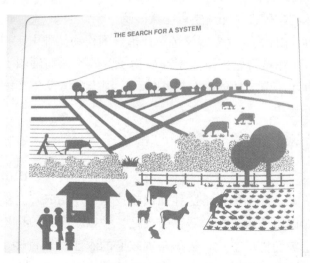

农事系统

（一）农事系统分析的起源与发展

在 20 世纪 60 年代中期以前，农业技术专家（主要为试验站研究）、农业经济学家（大多数工作在规划单位）和人类学家以及农村社会学家（一般在学术领域）之间的合作很少。到了 60 年代中期，绿色革命通过引入适合于相对同类生产环境（包括湿度、土壤条件、容易获得较便宜的肥料并有相对稳定市场）的肥料、高产水稻、小麦和玉米在部分亚洲和拉丁美洲地区的农作物生产开始产生很大影响。可是，在撒哈拉沙漠以南的非洲和亚洲、拉丁美洲的部分地区这种影响并没有发生。

由于绿色革命所发展的技术不太适合资源匮乏的农户所处的多样化生产环境或农业地区，于是便产生了对已有技术的鉴别、开发和评估，从而催生了"系统"的概念。因此到 20 世纪 70 年代中期，出现了农事系统研究，其中一个基本原则是需要创造农民、技术专家和社会学家之间新型合作关系。

在 20 世纪 60 年代中期以前，农民应用的许多技术推荐与当地实际情况的相关性都很低。一些研究公布了以下发现：

（1）对于农事活动说来，农民利用非正规的方法扮演着天然的试验者的角色。那些认为农民保守和讨厌变革的结论是完全错误的。

（2）农民的生产环境比过去认识到的程度要复杂得多。因此，需要开发一些能够易于调整并更好地回应当地特定需求的技术组合来促进农业发展，而不是依靠仅有的少数技术包（避免一刀切）。

（3）虽然所推荐的技术包有时候适合农户的生物物理环境，但农民仍然不能采纳的主要原因是这些技术并不适应当地的社会经济环境。

基于以上，对于技术适应性的质疑开始出现。传统上的经济指标其实并不能作为所有技术的衡量标准，因为农户的目标往往不是效益最大化，更重要关注可能是土地、资本、劳动力和信息方面的风险和不确定性问题。因此，研究者达成了以下共识：

（1）对于小农来说，古典经济学模型并不能有效地解决所有面临的问题。

（2）所使用的方法往往太静态化和确定性而没有认识到农民所处的是一个动态的常常是不确定的环境。

（3）比起农民本身作为一部分积极地参与互动的方法来，从农民那里提炼数据和独立分析这些数据的方法显得比较落后。

研究认为，传统的常规研究方法需要彻底改变。应该从技术的设计开始就将农民作为利益相关者来对待，应用多学科研究途径。

早期的农事系统分析方法占统治地位的学科是农作系统，后来发展为包括农业经济和相关方法在内的多学科混合体。研究对象的发展趋势从将农民作为"物"改变为将农民作为"人"来对待，因此产生了互动式的对话。这种变化更多来自于非正规调查或称为快速农村评估技术的出现。调研的结果有助于研究人员和农民管理的农地试验的设计，特别是由农民管理的农地试验设计，所得结果得到了正规调研的证实。由此得出了以下优势结果：

（1）技术专家逐步提高了对农民生产环境的复杂性和变化性的认识，有助于基于农户需求的技术产生机制的形成和对更灵活技术组分的注意，避免了简单化的统一技术包的推广方式。

（2）新的方法为技术专家和社会学家提供了合作开展农民现状分析、新技术的设计、试验和评价的机会，因此有助于学科间的交流和理解。

（3）研究结果也证明了政策和支持系统对决定新技术适应性的重要性（例如，农资供应系统和产品市场）。

当然，也存在一些劣势或局限性：

（1）农民参与在很大程度上决定于研究者所制定的角色和获取农民知识和分析农地试验的方法，对研究者从农民那里得到的信息的准确性会产生质疑。

（2）虽然认识到了农场和农户之间的联系对影响决策和资源以及利益管理的复杂性，但是对于设计和评价的技术和方法还不够，因此往往趋于主观。

（3）虽然不同学科的联系得到了加强，但还仍然有很大的改进空间。

（4）最常用的收集和分析信息的方法一般还是基于专业农户的单一目标，将农户户主作为信息的中心提供者，尽管也考虑到一些相反的证据（多类型决策者、不同受益群体）。

所有这些问题导致了20世纪80年代开始的"学习过程"（以人为中心）途径替代过去的"蓝图"（以技术为中心）途径。在80年代中期到后期，产生了三种方法创新：

（1）参与式农村评估方法。参与式农村评估方法是在快速农村评估方法的基础上发展起来的一种方法，是对快速农村评估方法的进一步发展。它试图不仅从概念上而且从实际操作上践行参与式理念。参见本书相关章节的内容。

（2）性别敏感性诊断方法。从分析农户内部关系扩展到性别敏感性的技术（方法）。性别敏感性使得人们认识到农户不是一个单个的决策单元，也就是说，不是农户中所有人都能从技术变革中同等受益。

（3）适应性分析。适应性分析成为一种有价值的统计工具用来分析农地试验结果，特别是农民管理和实施的试验。

由于这些方法的创新，农民参与开始渗透到整个研究过程中，从问题识别到技术设计、技术开发和技术评价。同时，通过一些新的制度安排，农民和研究者和推广人员之间的协作关系逐步得到加强和完善。另外，关于对农民赋权的问题也有很多尝试。

应用正规和非正规的农民小组的形式，通过鼓励农民之间的互动来帮助农民提高自我决策的能力。实践证明，如果条件合适，这类农民小组在研究设计和技术评估方面是非常有用的。有案例表明，农民参与到研究经费的分配中，这样更能够使研究紧密地与农民需求相结合。研究证明，农民能够参与到新品种选育的研究活动中，参与式育种变得越来越普遍地开展起来。

20世纪90年代以后人们发现，如果要使相关的新技术很好的被设计、传播和采纳，各个相关利益者之间的交互联系是非常重要的。其中不仅包括农民，政府机构，也包括私有部门的实体和非政府机构。除此之外，对可持续生计的研究扩展了农事系统途径，其目的是通过给农民赋权，提高将乡土知识与现代知识融合和应用的能力，开展情况分析、问题识别、发现机会、开展试验、形成实施计划。与此同时，考虑到环境保护和贫困农户的参与和受益以及其他相关利益群体的包容性发展。所有这些，可持续生计概念的落实要求高素质的多学科队伍运用参与式方法长期一起有效地工作。影响农户决策和技术录用的环境因素见图1-2。

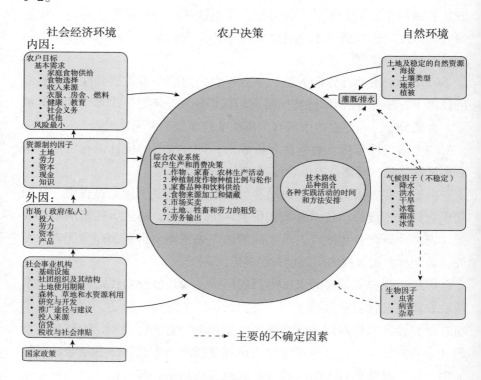

图 1-2　影响农户决策和技术采用的环境因素

　　研究表明，要使农事系统途径真正有效和广泛地被采纳需要面对两个挑战，这两个挑战是农民的参与和赋权。要做到农民的参与需要对地方性和农户特征的高度重视；要做到赋权需要不同发展机构和利益相关者之间的新的合作形式以及政治体制和机制的创新，也就是说，要以赋权的农民为中心，从传统的纵向的自上而下的工作方式向横向的相互联系的体制和机制转变，其中包括引入参与式的工作方法。

（二）农事系统分析的特征、原则和内容

1.农事系统分析的特征

（1）在研究与推广方向上，采取自下而上的研究策略，与自上而下的传统农业研究相区别，为农业研究和农村发展提供了一个新的视角。

（2）在研究与推广方法上，突出问题解决和农民需求导向。

（3）在研究与推广内容上，突出技术、经济和社会的综合性。

2.农事系统分析的原则

"农业系统发展开始于农民，结束于农民"。因此，要遵循以下基本原则：①农事系统发展是一个农户参与过程；②农民自己决定是否接受一项技术；③技术和社会经济因素影响决策；④不同的农户有不同的需要，迫切程度也不同；⑤农户清楚自己的社会经济状况，例如土地、劳力资源、市场和风险等；⑥技术员能够农民解决一些技术问题，能够获得农业发展新思路；⑦农民和技术员作为一个合作小组一起开展示范；⑧要使技术从理论变为实践，让农户去尝试。

3.农事系统分析的主要内容

农事系统分析强调：①在充分了解农事系统的基础上开发相关的、可行的技术；②对技术的评价不仅要考虑技术效果，还要考虑与农事系统的目标、农户需求和所处的社会、经济环境的一致性。

（三）农事系统分析的方法

1.从试验站研究向农地研究的转化

农事系统的研究方法中重要的一点是实现了农业研究从传统试验站研究向农户田里的农地研究转化，使农地研究成为一种常态。农事系统的农业试验可以分为三类：

（1）研究人员管理的试验：试验由研究人员管理。试验有研究人员在试验站进行，然后将新技术放到农户的田里进行试验和示范。

（2）农户管理的试验：将改良技术引入农户田中，试验由农户负责管理。主要目的是在农户所处的环境中发展可供推广的适宜当地条件的新技术，也可以了解农户对新技术的反应。

（3）开放性合作试验：试验由研究人员、推广人员和农民一起管理。试验放在农户所处的一系列条件下实施。在试验实施过程中，农事系统研究人员与推广人员、农户等不同角色相互协作，协作程度因试验类型而不同。

2. 对试验结果的评估

对试验结果的评估主要包括产量、资源需求、经济可行性、环境可行性和社会可接收性，以及农户接收新技术时的反应进行评估。

（四）农事系统分析的基本理论

简单地说，农事系统分析的基本理论是农业技术的产生应与当地农事系统特点相适应，与农户的目标保持一致。

1. 农户是分析农事活动的中心

在多数情况下，农户（农场）是基本的决策单元和分析单元，农事系统研究主要定位在农户水平上。

2. 农民决策行为是农事活动的决定因素

农户决策包括生产和消费、农场劳动、家务和农外就业彼此竞争劳动力、资金等，又同时改善生活状况，研究这些活动之间的相互作用对于分析农民决策行为非常重要。

3. 农户活动受环境因素的影响

自然、社会、文化制度、经济环境明显影响农户决策及投入，又受农户活动的影响，这种农户活动和环境之间的相互作用是动态的。

4. 农户参与是农事活动成功的保证

农村是一个知识来源，农民的参与对任何发展项目的成功都是至关重要的。

　　5.重视农户目标与政府目标的分析

　　对农事系统的改进不仅要在农户目标间进行权衡，还要在农户目标和政府目标间进行权衡。

　　6.强调农事系统的整体性和动态性

　　农事系统方法是整体的、跨学科的，农事系统受到技术的、社会的、经济的、自然的一系列因素影响，在对农村状况进行分析时，每增加一个影响因素都要求对农事系统进行新的透视。

（五）农事系统分析的操作步骤

　　1.调查分析（描述辨析）阶段

　　确定农户面临的限制因子以及对当地农事系统进行调整的可能性。

　　2.规划设计阶段

　　该阶段目标在于提出一套可以解决问题的方法，这些方法来自研究人员管理的试验、站外试验和从农户那里得到的知识。同时从技术可行性、经济可行性、社会可接受性方面进行评价。

　　3.评价验证阶段

　　与农民一起对根据当地农民所处的环境所做的已有的设计进行评价。

　　4.建议与实施阶段

　　根据经过验证后的设计进行实施。

　　5.评价阶段

　　实施后对其结果进行评价，并不断调整，最后形成模式和建议。

（六）以农事系统途径为基础的参与式计划步骤

　　参与式计划步骤通常包括以下方面：①对村级农事生产活动基本状况的了解和评价；②田野访问男女农民，同他们细谈农民的资源、活动、遇到的问题及出路等；③根据农民所处的社会、经济和生态环境，评价潜在的发展机会；④利用现有的技术知识，做出开展农业技术推广的计划；⑤按照当地农民喜欢的示范方式和标准制定示范计划并选择示范户；⑥实施、监督并评估示范；⑦采用现场会或观摩等方式实地培训农民；⑧采用适用可行的方法推广新的技术；⑨对推广的技术扩散状况进行跟踪；⑩调查分析推广过程；⑪评价推广结果。

（七）基于农事系统分析的参与式研究与推广程序

农事系统参与式程序包括 3 个主要阶段：①参与式计划；②参与式实施；③参与式监测和评估。主要步骤见图 1–3。

四、培训与访问方法

培训与访问方法是世界银行为了改善政府推广体系的低效率所推荐的一种农业推广管理模式。培训与访问方法主要指通过政府推广机构通过建立村级推广员，为村级推广员安排定期（两周一次）集中培训，然后定期访问农户（一周或两周访问农户一次）的方式，使大部分农民在作物全生长期得到技术指导，以达到减少贫困、满足农村人口的基本需求，促进国家经济发展的目的。

鉴于传统的政府推广体制存在很多共性的问题，培训与访问方法做了以下一些尝试：①将村级推广员统一归属于一个体制，同时指定学科专家作为技术顾问；②在村级推广员所负责的村严格实行两周一次对联系户的访问制度，期望联系户将接收的信息传递给其他农户；③由上级推广员和学科专家组织对村级推广员开展两周一次的定期培训，培训内容是村级推广员下一次访问农户所要传递给联系户的内容；④推广机构和推广人员不参与生产资料发放和信贷提供等活动，只专注于农业信息服务；⑤通过实行季节研讨班制度，定期举行推广机构的领导者、学科专家和研究人员的相互交流，鼓励研究人员开展自己的农地研究；⑥鼓励推广人员将精力集中在最重要的作物上，传递那些与实践相关、简单和低成本的技术或信息。

培训与访问推广方法对国际农业推广改革产生了很大的影响，在某

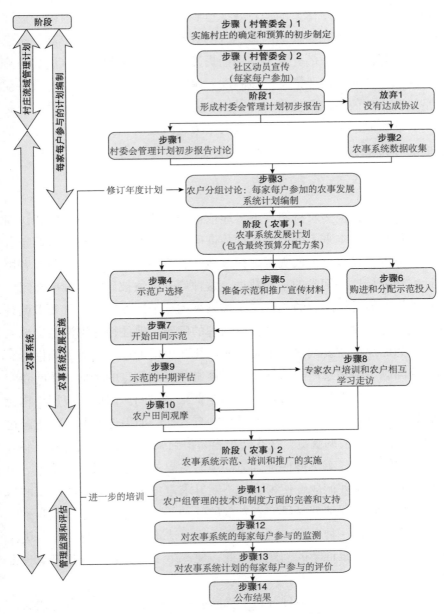

图1-3　农事系统示范参与式规划

种程度上使政府推广体系的运行效率得到某种程度的改善。但由于设计和具体实施存在僵化、缺乏因地制宜的灵活性、运行成本比较高、缺乏农民参与和民营组织的介入等问题而失败。培训与访问推广方法的经验说明两点：首先，农业推广应该瞄准农民需求，因为农民需求的满足程度是检验推广效果的最佳指标。其次，要进行较大规模的技术推广，必须要开展试验示范，并对试验示范的结果进行及时细致的评估，尤其是要重视对农业推广的财政支持能力的评估。

五、参与式农村评估

长期以来，很多农村调查更多地依赖于问卷调查和快速的农村访问来收集信息。对本来不同的目标群体询问同样的问题，而且认为调查者没有影响调查过程。被调查者选择性地回答不同的问题，然后调查者用统计方法分析这些问卷的来的数据。这种调查方法被研究、推广部门广泛地采用。但是，问题的关键在于如果采用那个问卷方法，就要求调查者事先很好地设计出需要被调查者回答的问题，但往往并不清楚当地人自己认为的那些重要问题。于是，他们往往想增加很多问题来确保所有相关的问题不会被忽略。这样，就很难避免冗余信息的增加，使问卷变得很长，于是在填写问卷时也不得不花费很多时间。因此，应用结构化的问卷，很难保持或注意到访问过程的自然性。如果遇上那些没有经过培训或培训不好的调查员，往往会很容易得到调查者想要的答案。当然，如果发放问卷，还有不能保证合适的填写对象的问题，那就更糟了。由于传统方法的这些问题，使得人们不断寻求避免出现这些问题的新的途径。参与式农村评估就是研究者发现的一种新的途径，对于研究和推广人员来说，它是一种学习方法。这种学习方法不太注重学什么，而更注重我们怎样学，跟谁学的问题。因此，便产生了一些新的价值理念、方法和行为。

参与式农村评估是一种分析、诊断问题、评估的方法。参与式农村评估在评估过程中强调农户的参与，结果更具可操作性和易于被农户所接受。

　　参与式农村评估方法回答了以下三个问题：农民是如何认识他们的生产条件的？这种认识是如何影响他们对研究者和推广工作者表达他们的困难和需求的？怎样使农民更能直接和创造性地参与到对新技术的设计和评价中？从根本上说，参与式农村评估方法或技术通过系统地获得农民的知识和意见，激发和提高了农民参与的潜能。因此，使得研究与推广工作者与农民的关系能够从契约式或顾问式的关系转变为顾问与协作式的关系。

（一）参与式农村评估的基本原则

1. 赋权

　　知识是一种权力。一般认为知识产生于研究的过程和结果，通过参与，达到与当地老百姓共享和被当地老百姓所承认或拥有的目的。由于参与式发展途径或者说参与式农村工作方法的出现，使得过去被用于计划和管理决策的这种信息的专业化垄断被瓦解。于是，一种新的关于当地人自己知识的合法性、有效性和正确性的地方信任感产生并得到加强。于是，对于当地人来说，那种关于他们自己的知识的合法性和认同感的自信心产生出来了，或者增强了。在这种情况下"外部的"知识能够更好地在本地被吸收。参与式农村工作方法提倡权力下放、民主、多样化、社区参与、赋予权力等等，因此其计划、行动的成果和影响具有可持续性。赋权也可以理解为增加社区农民支配当地资源、分配社会利益和自主决策的权力。人们可以把下放权力理解成为一个过程，也可以把它看成一个目标。让社区农民积极参与项目的决策、设计、实施和评估等所有阶段的工作。参与决策过程可以增加他们的责任感，让他们觉得该项目也是自己的项目。农业推广人员应该帮助社区农民分析问题，并找出解决问题的方法。社区需要确定项目应该开展的活动，并对这些活动排出优先顺序。农业推广人员在这些活动的组织和实施过程中给他们提供指导。

2. 尊重

参与式农村工作方法将外来者（包括社区以外的研究者、政府干部、教师、推广工作者等）这些原来被认为传授知识的人转化为学习者和倾听者。外来者必须学会用一种新的思维方式来观察事物，他们必须完全舍弃那种恩赐或施舍的工作态度，不要发出类似于当地人那么聪明，他们能够做出他们自己的许多图表等的那种惊叹。一个很好的经验告诉大家：当你真的懂得了当地的语言、笑话或歌曲的时候，你会感觉你才开始了解当地人的文化。参与式方法是建立在尊重当地社区农民的思维方式和信念的基础之上的。只有通过这种方式，农业推广人员才能够同农民真正合作，农民才会将推广人员引进的新的东西真正作为一种方法去用来解决他们自己面临的问题，而不至于将这些方法看成是农业推广部门或政府强加给他们的事情。

3. 本土化

地方化是指广泛而创造性地运用当地能够发现的材料和表达方式鼓励可视化的信息分享，避免将外部的表达方式和习惯强加给当地人。

4. 快乐

在与农民一起工作中要以鼓励为主，以"做得真好，太棒了！"这样的语言去夸赞，并充满快乐情绪。如果将参与式农村工作方法运用好，它应该是很快乐的事情。需要强调的是千万不要图快，而要注重过程。

5. 包容

通过对过程的注意增强敏感性。将边缘化和脆弱群体、妇女、儿童、老年人和贫困人口都作为自己的工作对象和工作伙伴，倾听他们的需求。

（二）参与式农村评估的方法、技术和工具

参与式农村评估作为一种方法，由很多种具体方法构成。这些具体方法又被人们称为参与式农村评估技术或参与式农村评估工具。

一些具体方法举例如下：

（1）团队协同。为了使调查团队保持一种比较好的工作状态，需要

共同制定一些规则和协议，例如讨论的时间安排和程序，小组主持人选定，在讨论时记录互动过程等。

（2）住在村里。开展参与式农村评估时，鼓励工作团队住在村里，这是进行参与式分析和规划的重要环节。调查者与村里人同吃、同住，如果农民很忙，住在村里便于在早晚与农民讨论问题，更有助于拉近与农民的关系。

（3）一起劳动。为了建立与农民的融洽关系，在可能的条件按下可以安排与农民一起劳动，外来者向农民学习做农活或家务劳动。

（4）要点记录。及时将调查过程和发现记录下来，明确已经得到的信息和需要进一步跟踪的信息。

（5）小组交流。及时将调查发现向调查组内的成员和村民进行展示交流，及时得到相互验证和反馈。

（6）踏查与直接观察。针对感兴趣的区域与关键信息提供者一起观察、询问、倾听、巡视、发现问题并寻求解决途径。将踏查过程中的发现可以用图画表示出来。实践证明，许多踏查可以使外来者惊喜地发现乡土文化、当地的植物和作物分类等。

（7）贫富排序和社区图。贫富排序是区分贫富农户的工具。一种方法是将农户分组，要求每组将每户户主的姓名写在卡片上让村民根据贫富差异进行分类，将贫困的农户和相对富裕的农户区分开。另一种方法是在一张社区图上直接排序，要求村民标出富裕户或贫困的农户。可以将土地所有形式、家畜和农具在每个农户那里标出来。贫富排序有助于对农户生计、基线数据、信息的对照核实、了解当地农户贫富标准等的参与式学习。贫富排序可以引发与农户对某些问题的深化讨论。

（8）半结构访谈。半结构访谈是一种采访和倾听的很好的技术。在半结构访谈时仅有少数的问题是预先准备好的，其他问题都是在访谈过程中产生的。访谈过程看上去是非正式的聊天形式的，但实际上是经过认真准备和严格控制的。半结构访谈一般需要访谈提纲。根据访谈提纲，在访谈过程中对有兴趣的话题按已知线索刨根问底。半结构访谈是所有参与式方法的核心部分。

（9）访谈设计。对访谈的整体设计很重要。可能包括关键人物访谈，先询问谁是专家，然后将一系列访谈得到的信息放在一起进行小组访谈，对一些关键问题展开讨论，小组的组成可以采用综合小组形式（结构化小组）、临时小组和社区干部组等。在小组访谈时可采用可视化图表。可视化的工具能够有助于加深明确讨论的重点并加深讨论的深度。

（10）画图。画图是一种简明且容易应用的参与式方法。画图可以就地取材在地上、在纸上画图。这些可用的材料包括木棍、石子、草梗、木条、烟盒、树叶、有颜色的土和沙子、记号笔、粉笔等。其中的关键点是谁握住这些材料或笔。原则上谁讲话谁表达就谁握住木棍或笔。当画图时，所有人都可以参与意见。可以用这种办法画很多中图画，例如，小流域资源、村庄、树林、田野、农场、家里菜园；村庄居住地点、贫富排序和农户资产等；健康图示、每户成员健康状况、疾病类型、动植物病虫害、杂草种类以及土壤质量等。还可以用画图的形式表现村庄过去、现在和将来的发展趋势。

（11）季节历和农事活动状况。用月历的形式标出每年 12 个月，根据月份描绘出一些相关的农事活动。可以用木棍在沙子上画柱状图，或堆积石子、草或土堆代表下雨次数、雨量、土壤湿度、作物、劳动力、收入、支出、债务、儿童游戏等。可以画线性图或圆形图表达一年中的某些变化。也可以表示男人、女人、老人、孩子等之间的生产活动和差异特征比较。

（12）时间表和地方志。用历史回顾的方式分析发展趋势也是一种常用的方法。这种方法可用于历史回顾、动植物发展、劳动力变化、生态环境、教育水平、人口变化和民间乡土文化等。

（13）网络联系图。联系图可以采用一些方式将人与人、小组与小组和机构与机构间的联系紧密程度表达出来。

（14）投票打分排序。可以用石子、杂草、或干果等堆堆的方法对两个可选择的变量进行打分排序，例如将不同的树种单独摆放，然后让村民选出不同树的类别或表达对某些物质通过比较后的好恶。

对于这些方法的详细描述参照参与式农业推广分析方法一章。

六、农民田间学校

农民田间学校是一种以农民小组为基本形式的农民培训方式，也是一种推广方式。第一所农民田间学校是由联合国粮农组织于 1989 年在印度尼西亚建立的，自此以后，世界上许多国家的政府、非政府和国际组织开始采用田间学校的方法推广有害生物综合治理技术。北京市于 2004 年开始由政府推动实施农民田间学校，到 2010 年，已经开办了 500 多所农民田间学校，取得了很好的效果，深受农民欢迎。在此基础上，在农业部的支持下，举办了多期由全国（除去西藏以外）所有省市参加的辅导员培训班，使田间学校的培训方法在全国得到普遍的应用。

农民田间学校综合运用了农业生态、经验式学习和社区发展等学科理念和方法，使得农民对农业生产问题和问题的原因有了比较清楚的认识。田间学校的实践表明，可持续农业的发展不仅需要生态学知识，同时也需要注重在农村社区关于知识的产生、转换和推广的能力的提高。农民在实践中认识到不仅生态学知识和推广能力需要提高，而且可以开展很多提高农民生计的活动，例如建立新的农民小组、网络、协会开展自己社区内的发展计划和实施，涉及研究、培训、市场等多个领域。

以农民小组为单元的经验式学习是农民田间学校的基本特征。农民通过开展经验式学习活动理解了作物生长环境和生态学知识。这些活动包括简单的试验、定期田间观察和小组讨论和分析。根据这些活动，农民能够在农场管理上自我决策。这种学习方式与早期传统的农业技术推广方法不同，农民不再是仅仅期望采纳那些由社区外的技术专家所推荐的技术。

农民田间学校的基本特征如下：

（1）25 ～ 30 个学员在一个作物生长季内每周有一次学习活动日，每

5 个人组成一个学习小组。

（2）以田间为课堂，学习地点靠近农户所在地或有时安排在大树下。学习过程延续整个作物生育期。

（3）以学员为中心的试验式和参与式的学习方法。

（4）每次活动日至少包括三项活动：农业生态系统分析、一个培训专题和小组活动。

（5）在活动日的时候，开展试验观察和对比分析，农民展示学习成果，交流学习体会。

（6）根据实际问题安排一些其他田间观察和分析活动。

（7）运用前后对比试验的方法进行诊断，以此决定下一次活动内容。

（8）辅导员要提前做好组织和办班的培训准备。

（9）在办班之前要开会确定需求，参加的学员和制定学习合同。

（10）最后一次活动日需要制定后来的学习计划。

需要强调的是，农民田间学校从始至终的核心是赋权，而不是学习某项技术。农民田间学校的学习计划制定的基本假设是只有农民具备了自我分析、决策和组织活动的能力时，农民才能够对某项技术进行有效实施。赋权过程可以产生许多发展效益，而不是某项技术的采纳。

有一些研究者将农民田间学校作为成人学习的一种方式，认为田间学校将传统上的教育从注重"教"转变为注重"学"，从有效学习的角度总结出农民田间学校的重要原则如下：

（1）相关和有意义的事情由学习者决定并且由学习者发现。

（2）教学被看作为是一个帮助人们自己探索和发现事物个人意义的辅导过程。

（3）学习是经验积累的结果。当人们感到有责任和经历成功以后才会变得负责任。

（4）协作方式是授权。人们以小组的方式开展协作，能够更好地意识到他们自己的价值。

（5）学习是一个进化的过程，是以具有自由和开放式沟通、对抗、认可、尊重和犯错误的权力为特征的。

（6）每个人的实践经验是独一无二的。当人们更多意识到他们怎样学习和解决问题的时候，他们就能够改善和完善他们自己的学习和行动方式。

第三节
参与式农业推广方法的应用

一、对农业推广人员的素质要求

农业推广人员的素质是指胜任推广工作所必需具备的思想道德、生理条件、职业道德、科学技术知识以及组织能力的综合表现。农业推广人员素质的高低，决定着推广工作的质量。

（一）农业推广人员的职业道德

1. 热爱本职，服务农民

农业推广是深入农村、为农民服务的社会性事业，它要求推广人员具有高尚的精神境界，良好的职业道德修养，以及优良的工作作风，热爱本职工作，满腔热情地为我国农业现代化事业贡献自己的力量，全心全意地为发展农村经济服务，为帮助农民脱贫致富服务，争做农民的"智多星"和"贴心人"，决心把全部知识献给农业推广事业。

2. 深入基层，联系群众

推广人员必须牢固树立群众观点，深入基层同群众打成一片，关心他们的生产和生活，帮助他们排忧解难，作农民的"自己人"。同时要虚心向农民学习，认真听取他们的意见和要求，总结和吸取他们的经验，与农民保持平等友好关系。

3. 勇于探索，勤奋求知

创新是农业推广不断发展的重要条件之一。要做到这一点，首先要勤奋学习，不断学习农业科学的新理论、新技术，加速知识更新速度，拓宽知识面，不全信前人已取得的成果，不拘于权威的结论，争取在工作实践中有所发现，有所发明，有所创新，有所前进。

4. 尊重科学，实事求是

农业推广人员应以实事求是为基本道德原则和行为规范。在农业推广工作中注意做好两个坚持：一要坚持因地制宜，"一切经过试验"的原则；二要坚持按科学规律办事的原则，在技术问题上要慎重对待，不可轻易按"长官意志"办事，敢于同传统习惯势力作斗争，敢于坚持科学真理。

5. 谦虚真诚，合作共事

农业推广工作是一种综合性的社会服务系统，不仅依靠推广系统各层次人员的通力合作，而且要同政府机构、工商部门、金融信贷部门、教学科研部门协调、配合，还要依靠各级农村组织和农村基层干部、农民技术人员、科技示范户和专业户的力量共同努力才能完成，因此，要求农业推广人员必须树立合作共事的观点，严于律己，宽以待人，谦虚谨慎，不骄不躁，同志之间要互相尊重、互相学习、互相关心、互相帮助，调动各方力量，共同搞好农业推广工作。

（二）农业推广人员的业务素质

1. 多学科基础知识和基本技能

农业推广人员个体和群体的知识结构应该有一个合理的组合。一个合格的农业推广工作者，不仅要掌握某项专门技术知识，还必须懂得与此相关的学科知识，以及与推广工作有关的经济管理、人文社会科学知识。多学科综合基础知识包括与农业有关的专业技术知识和法律知识；社会学、心理学、行为学知识、经营管理学知识、教育学和沟通传播学知识。在这些知识中，推广学知识是必须要首先学习和掌握的知识。另外，农业推广人员应该具有农村社会学的基本理论知识，并且了解当地农村的社会结构、社会组织、社会生活和领导才能等实际情况。

推广人员除了懂得教育学、心理学、教学法等基本知识，更重要的是懂得推广教学的特点和农民学习的特点。要能够结合农业生产和农民的实际需要，选择推广教学内容，使农民对学习发生兴趣，并且能够应用多种教学方式和方法，使农民感到通俗易懂，学了会用，边学边用，有效地解决生产实践问题。如果一个推广人员缺乏这些知识和能力，只会照本宣科地向农民讲一些书本知识、读一些技术资料，或者采取行政手段，硬要农民照着推广技术措施的规定去做，这样，就没有履行帮助农民提高科学技术素质的职能，也不可能成为受农民欢迎的推广人员。

要求农业推广人员具有较宽的知识和丰富的经验（如种植、养殖、环境和社会经济），并不要求他们能够现场回应农民的所有技术问题，但他们应该能够知道到哪里（其他专家、部门）可以帮助农户获取所需要的信息。

2. 较强的实际工作能力

农业推广人员的工作能力包括观察分析能力、学习能力、沟通（口头与文字）能力、组织管理能力、改革创新能力等，这些是推广工作者的核心竞争力。一个好的推广人员个体与群体，必须具备多种能力。

农业推广工作者的一个很重要的能力是沟通能力。沟通中最普遍最经常使用的是语言和文字。推广人员经常同农民个别谈话，进行集体教学，组织讨论，现场示范，需要能使用正确、明白、通俗、有趣的语言。他要撰写教材、技术资料、经验总结、调查报告、新闻报告，需要写出论述清楚、层次分明、语言正确、用词生动的文字材料。因此，掌握语文的基本知识，具有较好的口头和文字表达能力，是对推广人员的普遍要求。今后，现代传播媒体逐渐在农业推广中广泛应用，推广人员还应该学会使用录音、录像、电影以及电子计算机通讯等声像信息手段。要努力熟悉农村干部、群众、青年、妇女等不同类型农民的社会心理行为特点，善于同他们交往，具有宣传群众、组织群众、依靠群众开展推广工作的能力。在了解当地政府机构和财经、科技、教育等有关部门的方针政策、法规和中心任务的基础上，善于同这些单位协调关系，互相配合，合作共事。这种协调关系的社会交往能力，诸如与其他工作单位和工作人员以及农民的组织、动员、协调、合作等。同时，农业推广人员必须深入到生产实践中去，亲自动手，发现和解决各种实际问题，使自已成为了解当地情况，具有实践经验的人，如果只有书本知识，只会空理论，不会调查研究，不动手实践，不会亲自示范，也就不可能成为合格的推广人员。

总结起来，一名合格的农业推广工作者的知识结构和技能水平要求应包括以下几个方面：

（1）知识结构：自然学科专业知识和农业推广学知识。

（2）工作方法：参与式农业推广方法；

（3）工作技能：与农民沟通的能力，协调与合作的能力和理论联系实际的能力。

如果将上述个人应该具备的能力细化，可以分解为：①信息获取能力；②倾听表达能力；③计划实施能力；④汇报总结能力；⑤资料编写能力；⑥组织协调能力；⑦学习思考能力；⑧辅导培训能力；⑨分析评价能力；⑩开拓创新能力。

二、应用参与式农业推广方法的两个基本功

开展农业推广需求评估有很多种参与式的方法和工具可以应用，但决定需求评估成功的最主要因素不是所应用的方法和工具，而是开展需求评估的农业推广人员的能力。对于农业推广人员来说，开展需求评估最需要的是两种能力，一种是开展半结构访谈的能力，另一种是做主持人的能力。

（一）半结构访谈

半结构访谈是相对于全结构性访谈而言的。后者的典型代表是问卷调查，所有问题都事先考虑、设计好了，甚至连几种可能的答案都确定好了，从而失去了交流、深究、获取大量生动信息、并与被访问人进一步建立密切关系的机会，而这种关系对于成功进行农业推广项目工作是十分重要的。此外，由新手或对农村、农民缺少感情、兴趣的人进行全结构性问卷调查，往往枯燥，而且随着问卷长度、访谈时间的增加，其

信息的可靠程度也下降。

半结构访谈是有大纲做指导的访谈，其中只有主题和次级主题是事先准备好的，而具体问题或其提法是在讨论或可视形象化分析的进程中顺应情势即席形成的，因此是十分灵活和逐渐展开的过程。半结构访谈不仅是搞好小组或个别访谈所必要的，也适用于我们协助农民采用参与式农业推广方法和工具进行分析和决策的过程中。采用半结构方法应该注意语言明确、简练，尽可能用当地老百姓的语言表述。

应用提示：

①做好小组准备；②创造适当的气氛与环境；③与访谈对象建立相互理解与信任的关系；④控制时间；⑤敏感性地倾听与提问；⑥使用可视形象化的工具；⑦避忌诱导性的提问；⑧注意记录；⑨与不同访谈结果的核对证实。

（二）主持

小组座谈或运用参与式工具讨论、分析，都需要有主持人。要能够不带偏见，不把自己的意见强加于人，让每个人畅所欲言，帮助当地农民一起来分析他们的情况、规划相应的行动，并达成共识。

要成为一个合格的主持人，应该做到以下几点：

（1）能创造一个友好、平等、和睦的工作气氛。首先要说明来意或小组讨论、分析的目的，表达对他们的真诚和尊重，不要一上来就开始具体工作。这需要花费一些时间，但十分值得，十分必要。

（2）调动参与者的积极性。能调动参与者的积极性，由他们拿过笔、纸，来分析自己的问题、需求和创收的机会。要用自己的热情、耐心和鼓励，把农民的这种潜力充分发挥出来；

（3）能给所有参与者以同等机会。尤其善于观察、发现、并鼓励过去不习惯在公众场合、会议上发言的人，特别是贫困农户、妇女。

（4）尊重参与者的意见。主持人一般不采取批评态度。好多农民、特别是贫困农户、妇女往往有自卑感。即使你心里认为他们的看法不正确、不全面，也不要去否定，给好不容易调动起来的积极性泼冷水。相信通过讨论、交流、农民自我学习、自我教育，会形成正确的意见、达成共识。

（5）保持中立立场。不偏向、不存偏见，避免做评判。也许去的村有姓氏、宗族或干群之间的矛盾，我们要对此敏感，并保持中立、不偏不倚；同时善于在不同的利益群体之间进行调解，来促进决策。

（6）思维敏锐。善于提出相关问题，捕捉新的信息、观点和苗头，加深对问题的讨论、分析。保持敏感，及时体会讨论气氛，必要时变换问题的提法，甚至整个话题。

（7）善于总结归纳。把农民的发言、观点加以归纳、精练，写在大纸或卡片上，展示给大家，询问、征求意见，予以纠正、完善，形成共识。

（8）辅导协助。应该尽可能让参与者自己主持、自己讨论，自己退到后面观察，必要时做补充和点评。

三、如何应用参与式农业推广方法

参与式农业推广方法也是一种技术，但这种技术的掌握不同于自然科学的某项专业技术，它不可以机械地学习和应用。

（一）判断所选择的推广方法是否适合的标准

（1）所选择的方法是否适合工作对象的知识、技能、态度和行为。
（2）培训活动的安排是否符合农民的看、听、说和做的习惯。
（3）所应用的推广方法之间是否有互补和强化的作用。
（4）所计划的时间是否能够满足开展活动的要求。
（5）所制订的推广计划是否充分考虑了农民的需求。

（二）采纳过程与推广方法的适应性

有研究表明，一项技术得到推广，农民的个体采纳过程要经历几个阶段：

（1）从不知道到知道的意识阶段。

（2）知道了之后要有一个个人是否感兴趣的心理活动。

（3）如果个人对此项技术感兴趣，就要对这个技术进行初步评价，看与自己的情况的适应性如何。

（4）个人如果有条件就想做点试验，看看效果。

（5）最后根据试验的结果来决定自己是否采纳这项技术。在个体采纳过程的每个阶段都有与其相对应的推广方法的选择。

根据个体采纳过程的不同阶段应用的推广方法见图1-4。

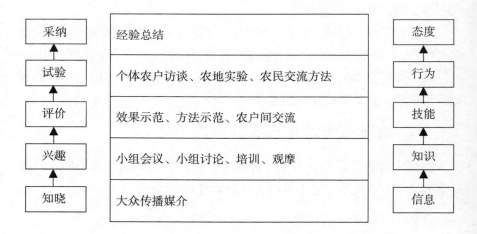

图1-4　根据个体采纳过程的不同阶段应用的推广方法

（三）应用参与式农业推广方法的注意点

应用参与式农业推广方法需要避免以下几点：

（1）工具化。在学习和应用参与式农业推广方法的时候更多地注重某种工具本身的使用而忽略工具的实际设计理念和应该发挥的作用。到工作结束后进行评估时，往往比较的是画图的质量而不是在过程中体现的含义价值。

（2）形式化。在与农民一起工作的实际操作中，标榜是在应用参与式方法，由于没有真正领会参与式的实质，仍然是外来者主观驱动型的工作方法。在与农民一起工作的时候，更多强调农民提供自己所需要的信息，或在有限的时间内更多注意结果而很少注意过程。

（3）表面化。与农民工作缺乏诚意，轻易承诺却没有实质性的提供解决问题的方法。与当地农民做过多次调查，但农民的不到有意义的反馈。长此以往，会使农民失去兴趣。

第二章
参与式农业推广需求评估方法

第一节
参与式农业推广需求评估概述

一、什么是参与式农业推广需求评估?

对于推广人员来说,需求评估可以理解为信息收集的过程。也就是说,推广人员为了开展好推广工作,为了了解工作对象的需求所开展的相关信息的收集。

参与式农业推广需求评估是农业推广人员与目标群体一起为了提高农业推广效果而预先了解农业、农民和农村基本现状和分析农业推广面临的问题和产业发展与农民需求的过程。

(一)什么是需求?

"需求"一词是指农业推广目标群体的需要。农业推广需求评估也被称作需求评估,广义的意思是为制定农业推广项目计划和实施找到优先序和作出决策的一个有系统的工作过程。具体的含义可以认为是为了找出"现状是什么"和"应该推广什么"之间的间距,然后据此发现决定需求的优先序。这里强调的是根据从可能会受到推广项目的人口类群获得的信息来决策和确定优先序。

一般来说,需求往往分为几个层次。农业推广人员在开展需求评估或评估的时候需要慎重考虑哪些是对实现目标所必需的需求,哪些是可取的或有用的但并不一定是必需的需求。

需求也往往和兴趣有关,需要注意的是一个人的兴趣只是与这个人对某些方面的关心、忧虑或好奇心的表达。对于目标群体而言,可能不一定分得清楚自己的想法属于哪个层次,但作为农业推广人员应该理解并努力对这些"需求"作出评价。

(二)什么是推广需求?

农业推广需求包括产业发展需求和农民生计需求。

产业发展需求是指主导产业的确立、发展现状和未来的发展趋势所要求的改革和创新,一般更多的是由政府的产业发展规划与产业发展现状之间的间距决定的。

农民的生计需求是指农民的生存环境、收入来源、就业及生产活动和生活水平与农民对未来的发展期望所要求的改善和提高,一般更多的是由农民的生产生活的现状以及农民对这种现状的认识与农民对未来的期望之间的间距决定的。

产业发展需求和农民的生计需求不是一个水平的需求,有的时候可能还会有矛盾。例如,工业化、现代化和城镇化或都市化对产业发展的要求和策略与贫困人口的脱贫策略可能就不在一个水平线上。但是,对于农业推广人员来说,应该尽可能在自己的工作中将这两种需求统一起来,才能做好农业推广工作。

无论是产业发展需求还是农民生计需求,都是通过对目前存在的问题的发现和认识而产生的解决问题的想法和行动这样一个过程。因此,农业推广工作是一个现状分析、制定计划、计划实施和推广评价的一个解决问题的循环。

农业推广循环示意见图 2-1。

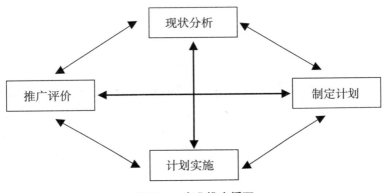

图 2-1　农业推广循环

在实际需求评估中，产业发展需求和农民生计需求往往都集中于农民的发展意识和农民的知识与技能的提高上面，因此，反应在农民培训需求上。

（三）农业推广需求评估和培训需求评估

1. 农业推广需求评估

广义的需求评估是指确立问题优先序和对有关项目计划制定和实施做出决策的系统化过程。农业推广的需求评估也可以定义为找出推广项目"实际是什么"和"应该是什么"之间存在的间距，然后确定需求优先序的过程。可见，需求评估所强调的是根据从可能会受到推广项目影响的人们那里所收集的信息进行决策和确定优先序。当需求被确定了之后，需要通过分析分清哪些是有关实现目标必须的需求，哪些是理想化的或有用的但并不一定是重要的需求，哪些则属于个人兴趣。农业推广人员需要明确这几个方面的需求的不同含义。

2. 培训需求评估

简单地说，一个人的培训需求是目标行为表现与目前行为表现的差值。见图 2-2。

图 2-2　培训需求的确定

一个人目前的行为表现是一个人现有知识、技能和态度的具体反映。一般来说，培训需求始于组织或个人对目前的行为表现的不满足。由于不满足现状，就要有一个比现在好的目标或与之比较的参照物，这就是目标行为表现。换句话说，只有有目标行为表现的要求或者吸引，才可能产生对目前行为表现的不满足。所以，目标行为表现是培训需求产生的动力。

例如，一个种植小麦的农户，今年亩产 250 公斤，而他的邻居达到亩产 500 公斤的水平，那么，邻居的产量水平就可能是这个农户的奋斗目标。250 公斤小麦的产量指标要求一定的管理水平，而 500 公斤的产量指标则要求完全不同的管理水平，它是农户在现有知识和技能水平和态度的基础上的提高。根据现在栽培技术的发展水平，完全可以将提高 250 公斤产量的技术指标量化，量化后的指标体系所需要的知识、技能和态度水平与这个农户现有的知识、技能和态度的差距，就是这个农户的培训需求。

如果将农民培训确定在农民技术培训层面上，农民的培训需求实际上是农民为了实现增产增收的目标下，农民目前的行为表现与实现既定目标所要求的目标行为表现在知识与技能方面所表现的差距。例如，北京市要求率先实现现代农业，现代农业有一套指标，这些指标保证现代农业的水平，而现代农业的水平的实现需要一大批有文化、懂技术、会经营的农民的努力和奋斗。目前处于传统农业向现代农业过渡期的农民，更习惯于传统农业的知识和技能的情况下，怎样才能转变为适应首都社会经济发展的新型农民，这是每一个农业推广人员和辅导员的义不容辞的责任。

农民培训需求评估是指调查者运用适合的方法，在产业发展战略和发展目标指导下，系统地了解农民（潜在受训者）为了实现既定目标所存在的问题、知识和技能方面的水平、潜在受训者素质的相关信息的过程。农民培训需求评估的目标是制定农民培训计划。

农民培训需求评估应该从产业发展问题入手，评估后要求围绕主导产业发展制定三类培训计划：

（1）长期和短期系统培训班计划。

（2）单个培训班计划。

（3）培训课程计划（系统计划 / 教案 / 课件）。

二、为什么要开展参与式农业推广需求评估？

如果用一句话来回答为什么要开展参与式农业推广需求评估，那么就可以这样回答：开展参与式农业推广需求评估是在一定的推广目标下，为了明确目标群体和有针对性的制定有效的农业推广工作计划的需要。

实践表明，农业推广之所以不能达到理想效果的重要原因是推广的盲目性。推广人员所开展的农业推广工作要么是教条化的，要么是任务型的，与当地实际产业发展和农民面临的问题联系不紧密，工作没有针对性。另外，推广的内容设计常常是自上而下的多，自下而上的少。因此，开展参与式农业推广需求评估的目的是要通过参与式农业推广需求评估，推广人员与农民一起发现、分析和解决社区内存在的主要问题，为当地社区的产业发展和农民生活水平的提高作出贡献。因此，开展参与式农业推广需求评估是有效开展农业推广工作的前提和保证。

有效的农业推广要求首先明确推广对象和推广内容。任何技术的推广对象不是简单可以用农民两个字来统称的，因为农民或农户之间是存在差异的。所以，推广对象的瞄准至关重要。

农业推广人员隶属推广站或服务中心等的推广组织中，作为推广组织的一员代表推广组织向推广对象开展推广服务。一般来说，组织是国家机关、企业、事业单位的机构设置、隶属关系和权限划分等方面的体系和制度的总称。农业推广组织是对农业推广工作的组织形式、机构设置、隶属关系、权限划分、管理方式以及工作内容等方面的体系和制度的总称。农业推广是农业推广组织机构与推广对象信息分享的过程。在推广活动中，不是农村社区中的所有农民都是推广机构的工作对象。推广工作对象应该根据推广目标通过对社区人口分析来确定。由于推广人员的服务对象一般不是某个个体农民，而是一组人，一群人。因此将推广的工作对象称为目标群体。

（一）农业推广目标群体定位

1. 目标群体的含义

目标群体与群体不同。群体是指由一些个体组成的，按一定规则结合在一起寻求实现共同目标的个体群，是联系个人和社会组织结构的中心环节。群体的特征如下：①影响人的个性形成、态度和价值取向（群体规范）；②给成员以隶属感、安全感、满足感和自我实现的机会；③使个体受到一定的影响、制约和压力（群体压力）；④同一群体内的成员具有共同的价值观、成就感和语言；⑤群体内成员既有合作也有竞争。

从某种意义上说，农业推广对象是针对群体而言的。目标群体是指推广机构或推广人员根据推广目标选定的一类具有相同特征、机会和能力获得某些组织机构所提供的统一信息、物品或服务的人们。这一目标群体在某些特征上具有共同性。在农业推广机构中工作的推广人员总是想为所有的农民服务，都列为自己服务的目标对象。其实，从技术推广的角度看，技术的采纳者群体往往并非所有的农民。当你认真分析农村社区基本情况，将农户的基本情况加以比较的时候，你会发现在农村中一些农户与另一些农户之间往往在许多方面存在着差异性；当你对这个问题进行更广泛的调查分析的时候，你会发现这种差异是客观存在的。因此，目标群体是在某个具体的推广项目中，推广机构或推广工作者根据某些项目设计所确定的特定的工作对象的个体群。

成功的推广一定要在进行推广目标群体分析的基础上进行目标群体

定位。农业推广目标群体定位是目标群体分析的结果。目标群体分析是指社区以外的外部机构在特定社区中按照自身目标选择、识别和确定工作对象的过程。目标群体定位也称为目标群体瞄准的过程。

2. 对目标群体的瞄准

农业推广目标对象的选择也称为目标群体瞄准过程。在农业推广活动中，推广对象的选择很关键。在实际推广工作中，推广目标对象的选择是推广计划的一个重要部分，是与推广过程设计相关的工作。

目标对象的选择是根据当地社区的基本情况来确定的，主要考虑农村人口的基本状况、社会经济发展水平、社会系统的特点等综合信息、具体农业推广项目等因素。根据具体情况目标群体可以分为很多种类型。一般来说，在实际推广工作中根据经济条件、产业类别和知识水平可能有下面几种目标群体：①年龄群体：老年、青年和儿童；②性别群体：男性农民和农村妇女；③经济群体：特困户，贫困户，中等户，富裕户；④功能群体：专业户，兼业户，示范户；⑤文化群体：初中以上文化水平的农民，小学文化水平的农民，文盲农民。

3. 目标群体的异质性与同质性

目标群体中的"目标"，更多的是指推广机构或推广工作者经过分析所瞄准的农村中的那一部分人口类群，他们个体之间有共同性，或称为同质性；而与其他群体有差异，或称为异质性。

（1）农村人口的异质性特征

从农业推广的角度来看，农民或者说农民群体间在以下几个方面表现出明显的差异性（异质性）：①年龄组合与社会性别。不同年龄组以及不同性别对同样事物往往存在着不同的看法；②资源禀赋。农户在自然资本、物资资本、人力资本、社会资本、金融资本有很大的差别，例如土地、劳动力、文化水平等，这些影响农户对创新的采纳行为；③心理特征。农民在智力、爱好或兴趣上存在差异。不可否认，人天生在智力和能力上就有差别；④获得资源的能力。获得土地、资本、投入、信贷等的能力在很大程度上决定着农民能否采纳某一项创新。对获得这些资源或与控制这些资源的机构建立某种联系的能力方面，农民中有很大的差异；⑤获得信息的能力。一部分农民通常比其他农民更有能力得到所需要的信息，了解同类人对于创新的评价。

（2）目标群体的同质性特征

农业推广的目标群体是推广机构或推广工作者在对农村社区进行认真分析之后所确定的具有共同目标和特征的工作对象，它是以另外的群体的存在为前提的。例如，在一个村子中，一部分人如果被选定作为推广工作者的工作对象，那么，这部分人一定与这个村子中的其他人有不同点。讨论农村人口的异质性特征的意义不是指农村社区中人与人或个体农户与个体农户的差别，而是农民或农户类群的差别。也就是说，在个体农民和农户差别的基础上，对具有相同特征的农民或农户进行识别和分类（即目标群体分析），是农业推广的很重要的基础性工作。

从目标群体异质性与同质性的特征出发，可以说，农村人口的异质性是客观存在的；农村人口的同质性是指一组有类似特征的农村人口，是一个相对的概念，需要进行调查和分类才能得出的分析结果。

在我国，农业推广工作一般通过试验、示范、推广的模式开展的。因此，许多地区的农业局或农业技术服务中心都要建立一批示范户。一次，一个大学生做农村暑期调查，其中一个项目是要了解一个村中的示范户有多少，是谁。因为是农业局为大学生选定的村子，应该说是一件比较容易的工作。然而，没有预料到操作起来却非常难。大学生在村子里问了许多农民，没有一个人知道。后来，大学生又回到了农业局，在技术员的帮助下从档案中发现原来这个村有 10 个示范户，具体名单上表明这些示范户是在几年前就已经确定的。那么，为什么农民不知道呢？一个重要原因就是在示范户选定过程中没有进行参与式农业推广需求评估，没有进行目标群体分析。

（二）目标群体分析

目标群体分析是指正视社区中目标群体异质性的事实，将社区中所有农民按照某些共性的特征划分为多个具有同质性的目标群体（由部分农民组成的类群），然后分别制定与这些同质性的目标群体的特征和条件相适应的推广策略。

目标群体策略的关键在于目标群体分析。在选定目标群体的过程中，除了要注意社会经济基本条件和农业生产条件特征，还要注意在性别、农业生产条件、对资源和市场的占有能力上的相似性。除此之外，所形成的组织应该在领导关系、决策程序、沟通渠道、参与性方面具有相似性。目标群体分析的步骤如下：①农村人口访谈；②产业结构分析；③农村人口分类；④农民需求调查；⑤推广项目分析；⑥目标群体定位。

在农村人口中瞄准推广对象作为推广机构工作的目标群体不是一件容易的事情，需要做大量的调查研究工作。检查目标群体定位准确程度的标准是要看所确定的推广对象是否符合推广目标的要求和有利于推广策略的实施。另外，即使在计划中瞄准了目标群体，由于种种原因，在实施过程中也还会发生偏移。分析那些引起偏移的因素，针对具体情况改进推广工作的策略方式是推广管理的重要工作之一。

在目标群体分类过程中，要注意条件、能力和态度分析。

（1）条件：农村人口或农户的决策行为受到很多因素的限制，这些因素包括经济的、社会的、环境的、资源的等很多方面。由于农户与农户之间这些因素不同，所以农民有差异。根据这些综合差异，可以将农户划分为不同类群。

（2）能力：农民的能力更多指农民的综合能力，即知识、技能和态度的综合体。如果将能力放在新技术采纳的框架内讨论，则更多的取决于一个农户对所需要资源的占有量，即资源禀赋。从某种意义上说，这是一个客观的指标。

（3）态度：态度一般来说是人的内部心理活动的外在表现，是一种意愿的表达。在新技术采纳行为上表现为是否愿意采纳推广机构所推荐的新的技术。

上述三个要素中条件是基础，能力是客观反应，态度是外在表现。能力和态度往往是构成条件的要素。如果农民处于同一个类群，他们之间的区别应该是态度。但是，假如农民处于不同的类群，他们之间的区别可能更多的应该是能力。

适合的推广项目和策略的设计，不仅需要推广人员对目标群体广泛深入了解，而且需要目标群体对推广项目的参与。这种参与不仅表现在信息的收集上，而且还要鼓励目标群体参与项目设计，一起讨论所关心的问题，定期对目标群体所选出的领导及农民代表进行咨询。这些都是属于参与式推广中应考虑的问题。如果推广真正是为农民的利益服务，那么参与便是至关重要的。只有农民有机会代表他们自己发表意见，目标群体取向的推广才能成功。确定目标群体的目的不是为了更好地控制他们，而是为他们更好地服务，使他们获取知识技能与利益，与他们一起谋求发展。

（三）培训需求分析

农业推广需求评估中的内容之一是培训需求评估。培训需求是开展有效培训工作的出发点。不考虑培训需求的培训就像不问季节的播种，只能是浪费金钱和精力。

过去许多机构开展的培训工作之所以效果不好，很重要的原因就是培训组织者没有培训需求的概念。认为每个人都是天然的培训对象，任何知识学了对人无害。只要上级有培训经费，主管领导决定要举办什么培训班，学员是那些有时间参加培训的人员，教师都是现成的，需要做的工作就是确定时间、地点、做好食宿安排就行了。结果造成了许多人对培训缺乏应有的重视，敷衍了事。

考虑培训需求，就是要克服过去盲目培训的倾向，提倡培训科学化，这是我国提高工作效率，提高农村人口素质的重要环节。

1. 培训需求分析的概念

培训需求分析是通过问题分析、培训对象分析，最终确定培训需求的过程。既然培训需求是目标行为表现与目前行为表现的差值，那么培训需求分析就似乎变成了一道简单的算术题。可是，实际上并非如此。目前行为表现和目标行为表现往往是未知数或至少不明确。因此，真正的培训需求是需要认真分析才能确定的。

2. 为什么要进行培训需求分析？

（1）找出真正需要接受培训的培训对象。不是所有人都是培训对象，也不是所有培训对象都需要接受同样内容的培训。培训需求分析需要通过对问题的分析，确定真正需要培训的培训对象。例如，在种植业和养殖业发展上落后的地区，那里的农民需要培训。当培训开始时，参加者往往都是男性农民，农村妇女参加培训的不多。培训班办过多次，种植业和养殖业仍然没有任何改进。经过调查才发现，原来这个地区从事种植业和养殖业生产的大部分是妇女，男性农民出去打工的比较多。因此，即使参加培训的人数很多，但真正需要培训的人都没有到。培训对象选择错误，这是培训不能受到预期效果的主要原因。

（2）找出受训者自发的学习需要。培训需求是指受训者为了获得某种知识或技能的一种自发的学习需要。培训需求分析就是要通过一定的手段和方法确定受训者这种自发的学习需要。因为只有当学习者在实际工作中意识到了某种知识或技能的不足，产生了学习的欲望，即由某种自发的需要激发了接受培训的动机的时候，接下来的培训才可能有效。

（3）找出学习者没有意识到的需求。没有意识到的需求分为两种：一种是完全没有意识到行为表现的差距；另一种是虽然意识到了行为表现的差距，但并不认为是缺乏培训的结果。对于第一种情况，虽然没有意识到，但并不说明不需要培训。对于第二种情况，至少为培训需求分析者提供了培训需求分析的领域和题目。

（4）找出受训者所具有的知识和技能水平。通过培训需求分析，要搞清楚学习者在某个特定领域所具有的能力并为这种能力准确定位，从而确定学习者需要哪方面以及在什么层次上的培训。

（5）找出受训者将来所需要的知识和技能水平。培训需求可分为个人的培训需求和组织的培训需求。个人的培训需求指一个人由于社会压力或工作压力意识到自己所具有的知识和技能水平尚不能胜任本职工作，或达不到自己所期望的工作的要求，因此萌发了进一步提高自己的动机。组织的培训需求往往不是始于某个职工的个人愿望，而是为了达到组织目标，也就是出于组织保持和组织发展的整体考虑所发现的培训需要。如果个人想法和组织需要有矛盾，个人应该以服从组织安排为前提。同时，组织的决策也要尽量考虑每个职员的特点和积极主动性。因此，在开展培训需求分析时，既要考虑组织目标，也要考虑个人发展，最终达到两者的结合统一。

（6）找出通过培训不能够解决的问题。不是所有的问题都可以通过培训能够解决的，有许多问题通过培训不能解决。培训需求分析就是要找出这些问题。例如，农民没有采纳推广人员所推荐的新技术，原因可能有很多种，不一定是农民缺乏此项新技术的培训，很有可能是农民没有足够的此项技术所要求的那些必要的投入。资源限制的问题，培训是无能为力的。

农民培训需求评估基于对农民知识的尊重和农民价值观的理解。农民培训的目标是提高农民的素质和能力，而农民的能力是农民知识和技能的结合。农民的行为是分析农民需求的切入点，而农民的行为表现是农民知识、技能和态度的集中体现。因此，只有了解农民的知识、技能和态度，才能达到通过培训帮助农民改变行为，实现预期的目标。农民培训需求评估后要求围绕主导产业发展制定长期和短期系统培训班计划、单个培训班计划、培训课程计划（系统计划／教案／课件）。为了开展好农民培训，就需要进行农民培训需求调查和农民培训需求分析，这是正确开展农民培训的前提。

总结起来，参与式农业推广需求评估的目的如下：①了解产业发展和农民农业生产的现状；②发现农民在农业生产中存在的问题；③确定农业推广的目标群体；④分析目标群体的技术水平和培训的技术水平间的差距；⑤制定有针对性的农业推广和培训计划。

三、如何开展参与式农业推广需求评估

参与式农业推广方法重点强调以农民为中心的价值取向和以农民需求为导向的工作目标。以农民需求为导向的参与式农业推广方法的应用更多地是对社区现状和农民需求的调查和了解，这是开展参与式农业推广的切入点和关键环节。

（一）参与式农业推广需求评估的基本程序

按照传统的工作方法，决策过程往往是自上而下的，许多决定都是在没有开展深入调查的基础上做出的，而这种基于信息不足而做出的决策会不可避免的带有盲目性和风险性，会给社区发展工作带来很大损失。因此，越来越多的人认识到，全面的收集信息、深入地分析信息是做好任何决策的基础。

信息收集可以采用不同的方法。实践证明，与传统的调查方法相比，应用参与式农村工作方法可以更全面、高效地收集真实的信息。一般来说，采用参与式农村工作方法进行信息收集需要按以下程序进行。

1. 成立社区需求评估小组

社区调研小组可以分为两类，一类以社区外部的人员为主组成；另一类主要由社区内部的人员组成。以外部人员为主的信息调研小组（农业技术推广人员）需要吸收一部分当地人为小组成员以保持与当地社区的紧密结合。以社区内部人员为主的调研小组的组成人员应该选择那些了解社区实际情况、具备一定的沟通技能的人。注意如果调研人员多，需要将调查者分组，落实到姓名。

2. 确定需求评估的目标

需求评估的目标可能是为了确定目标群体、制定工作计划、提高人们的意识、落实领导意图、帮助计划决策以及鼓励民众参与并开展某些行动等。在目标设定时一定要明确你要想从谁那里发现什么。

3. 确定需求评估内容

调研内容视调研目的而定。一般来说，一个调研目的包含的调研内容往往很多，而且需要在相对较短的时间内完成。因此，需要对调研内容按类别进行分解，由单一的小组成员或由两人以上的分小组承担并明确每类调研内容及任务量（包括确定调研对象的种类和数量，落实分解后的调研提纲）、使用的调研方法与工具、预期产出（图、表、文字描述等）、完成时间。调研提纲往往是调研内容计划的一部分。调研提纲不是问卷而是一系列需要获得答案的问题要点或核查清单。调研提纲或核查清单的内容应该以一般性表述而不是问题的形式列出，它的主要作用是指导调查过程，提醒调研人员逻辑性地展开调查，避免遗漏重要信息。

4. 确定收集需求评估信息的方法

这方面需要回答四个问题：①为什么要让相关调研对象参与到调查中？②利用收集到的信息要做什么决策？③需要收集哪些有代表性的信息？④需要多少花费？

通过回答以上四个问题，决定是否所需要的信息已经存在，是否还需要收集新的信息，是否需要使用不同的方式方法。

收集信息的方法有很多，可以分为二手资料的收集和实地调研方法两类。二手资料可能主要涉及当地资源与主导产业分析，包括：①文献信息的收集（见文献信息收集表）和分析；②优势产业分析；③市场需求分析等。

实地调研中常用的方法有：①问卷，主要用于农户基本信息和生产基本信息的收集；②观察法，主要用于农民生产活动和生活状况的观察；③访谈法，主要用于了解具体信息。访谈法可以分为农户个体访谈和农民小组访谈等。

开展参与式调研，一般很少用问卷。只有对一些基本情况的调查时，调查者为了保持数据统计上的一致，可能需要使用问卷。另外，对调查技能不熟悉的推广人员，将访谈提纲设计成结构化的问卷，然后拿着设计好的问卷进行面对面访谈，也是一种方法。

5. 制定需求评估计划

调研计划一般应该在既定调研目标的指导下确定调查对象选择、调查时间、调查内容、调查方法、调查路线、工具与材料的准备、交通与后勤安排和经费预算。根据上述内容制定的调研计划常常分为内容计划和工作计划。

（1）制定需求评估工作计划

确定需求评估村庄：在调查过程中，原则上到已经确定开展工作的村庄去调查。如果没有确定村庄，可能需要选择有不同自然环境和产业特点的自然村开展需求评估，然后才能分别整合为行政村的结果。具体调查的村庄数要视具体情况而定。

需求评估对象的选择：确定被调查者。村干部组（要求 3～5 人），主导产业组（8～10 人），非主导产业的农民或专题小组（5～10 人）。具体要求参考指标：人数；年龄；文化程度；性别；主导产业（种植品种或养殖畜种）、生产年限、生产规模；农户决策人等。

需求评估时间的确定：根据调查内容和农事季节安排调研的时间。注意安排的时间应相对集中，不要忘记安排预调研的时间。

（2）制定需求评估内容计划

设计需求评估问卷：如果决定使用问卷，又不是自己填写，一定要确保在发放和填写问卷的过程中能够真实可靠。另外，在实际调查中往往仅靠问卷很难完成需求评估，因此，需要将问卷内容与访谈内容统一考虑后分开，尽量避免两者间不必要的重复。根据问卷设计的原则和要求设和当地具体情况设计问卷。注意问卷要力求简单明确，避免有争议的问题。

设计需求评估访谈提纲：访谈提纲不是问卷而是一系列需要获得答案的问题要点或核查清单。访谈提纲或核查清单的内容应该以一般性表述而不是问题的形式列出，它的主要作用是指导调查过程，提醒调研人员逻辑性地展开调查，避免遗漏重要信息。访谈提纲与问卷不同，它是在与农户座谈时提醒访谈者的大纲，是具体问题的综合。访谈提纲一般分为农户访谈提纲和小组访谈提纲。访谈提高一般应该包括以下几个主要内容：①农户基本情况；②从事的主要农事活动；③收入的主要来源；④家庭收入和支出情况；⑤生产生活中存在的问题；⑥过去解决问题的方法；⑦存在哪些不能解决的问题和困难以及可能解决的途径。

6. 实地开展需求评估

实地开展需求评估包括以下方面：

（1）分解需求评估内容。一般来说，一个调研目的下包含的调研内容往往很多，而且需要在相对较短的时间内完成。因此，在实施调查前需要对调研内容按类别进行分解，由单一的小组成员或由两人以上的分小组承担并明确每类调研内容及任务量（包括确定调研对象的种类和数量，落实分解后的调研提纲）、使用的调研方法与工具、预期产出（图、表、文字描述等）、完成时间。

（2）需求评估预调研。在正式开展实地调研之前最好开展预调查或称预评估。应注意对不同的访谈对象或农户给予不同的收集信息的方法。例如，性别、少数民族等。预先对小样本做一些预调查，可以避免许多问题和错误的出现。

（3）需求评估正式调研。在开展预调研后往往需要对调研问卷或提纲重新进行调整和修改。在实际的调研工作中，需要注意：不要为了使用调研工具而调研，调研方法与工具的使用应该严格服从于调研内容；同时，为了清晰、准确地获得某类信息，也可以灵活地将某几种调研工具合并使用。收集信息要限定时间，在有限的时间内力求做到紧凑、有序和实现目标。

7. 总结分析需求评估结果

在调研实施结束时，调研小组需要对所有调研结果按照调研设计的题目和一定格式分别进行分析、汇总。注意在汇总整理过程中一定要将分析的结果保存好以便以后的信息核对。

（1）小组成员每日反馈。在正式调研时，每天的工作结束后，调研小组成员相互交换收集到的信息，对调查过程中所用的工具及所调查的内容进行必要的讨论、核对与补充。信息的交换和核查应以调研提纲或核查清单为准。当发现有些任务没有完成时，可以加入到第二天需要完成的工作任务中。以这种形式小组成员也为第二天的工作作好准备。

（2）数据和信息的分析。如果样本量大，需要使用计算机软件处理和分析定量和定性的数据。

问卷的数据分析：问卷的数据用 EXCEL 或 SPSS 软件分析；分析结果要与原始问卷的问题相对应；将问卷数据结果用表格、图形或图示列出；在答案间找到联系点和基本逻辑；得出基本结论。

访谈内容的数据分析：不同小组调查结果的整理；同类信息的分析归类；按照现场钓场打分排序的结果和小组调研结果排序；得出一般性结论的论点；找出支持论点的论据。

案例的整理格式：主要格式包括背景、事件的缘起和发生过程、事件的结果、结论。

问题的分析：整理问题收集分析表数据；整理季节历、头脑风暴以及 H 图等其他工具的数据信息；将问题收集分析表得出的生产问题与其他工具得出的生产问题比较分析；问题树；目标树。

推广和培训间距的确定和需求分析：推广和培训对象分析（知识、技能和态度）；生计活动分析；知识技能分析；培训间距分析；培训需求分析。

（3）调研结果汇总。

调研小组需对调研结果进行汇总时可以参考调研结果汇总的格式进行整理，汇总样表见表 2-1。

表 2-1　调研结果汇总（样表）

调研提纲中的题目	基本情况	问题	机会	解决方法
1. 2. 3. 4.				

8. 需求评估报告的撰写

报告撰写从实用出发，报告并不是越长越好。注意将报告内容整理成可视化的 PPT 也是比较好的形式。

农业推广需求评估和培训需求报告的撰写的参考格式包括下列几项：①调研背景；②调研目的；③调研方法及调研过程；④被调查农户基本信息；⑤调研主要结果分析：村基本情况（地理交通、人力资源、土地资源、产业结构、收入水平），来源、组织），农业生产现状分析（产前、产中和产后），农民培训与农业推广现状，农民合作组织的发展现状；⑥农民生产问题与产业发展潜力分析；⑦农民培训间距与需求分析；⑧产业发展建议；⑨农业推广和培训计划设想框架；⑩附件：访谈记录、照片、被访者基本信息等。

9. 需求评估回访与核实

将汇总结果最好展示给调研对象或社区农民。建议将汇总表简明扼要地誊写在大纸上以便于展示。让村民自由地对汇报结果提出他们的看法，并决定是否修改结果或补充信息。

10. 对需求评估的评价

在完成需求评估之后要花点时间对结果做一些评价。发现哪些地方做得好？哪些地方有问题？如何做得更好一些？当做完评价之后与其他感兴趣的人交流，这样可以从中学习。

11. 需求评估信息的应用

将需求评估的发现与使用者交流，努力使需求评估的成果得到应用，例如制定农业推广工作计划。

农民培训需求评估的基本阶段与步骤见图 2-3。

（二）需求评估的三角法则

三角法则是一种交叉验证定性信息的方法，通过对某类相同问题以不同方式收集信息来确定其准确性。

需求评估可以通过应用多学科工作小组收集信息，应用不同的工具

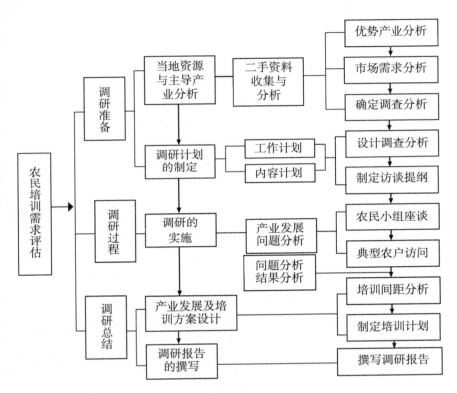

图 2-3　农民培训需求评估的基本阶段与步骤

来收集和分析信息，通过从不同的信息源来收集对某一问题的信息等。总之，应用不同的方法、信息来源，选择一系列的地方和一系列的信息范围，并且相互核对、验证，从而通过前后联系的比较，取得更为接近实际的发现和结论。

上述三角法则可以用图 2-4 来表示。

在应用参与式农村工作方法的时候，需要进行连续的分析、判断核实，不断缩小问题焦点，建构理解框架，积累知识。应用参与式农村工作方法进行最终分析的示意见图 2-5。

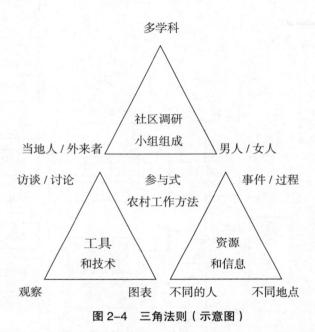

图 2-4 三角法则（示意图）

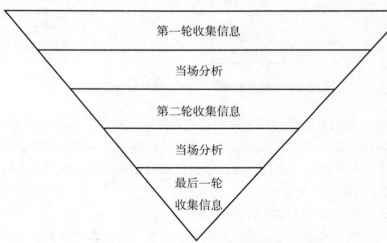

图 2-5 应用参与式农村工作方法进行最终分析

第二节
参与式农业推广需求评估计划

一、需求评估工作计划

需求评估工作计划是评估所需要的组织安排，是为了对调研组工作细节的提醒，有时候也是为了报批的目标而制定的。

需求评估工作计划报告格式如下：

（1）抬头：（包括日期，署名：单位／姓名，主管领导）。

（2）调研背景。

（3）调研时间。

（4）调研地点。

（5）调查者。

（6）被调查机构（文献信息）：被调查机构、调查者及开始和完成时间。

（7）被调查村庄：被调查村庄、调查者及开始和完成时间。

（8）被调查村庄人员。

（9）调研方法：①小组座谈（干部、主导产业、非主导产业等人数要求）；②专题小组或知情人访谈（人数随机）；③农户访谈（样本量）。

（10）所需材料：大白纸、记号笔、胶纸、相机、卡片、胶带，剪刀等。

（11）交通安排：需要的车辆和时间。

（12）食宿要求。

（13）经费预算。

在工作计划完成并径批准后，起草并发放需求评估通知。通知根据具体情况可以电话通知，也可以文件通知。

二、需求评估内容计划

如果将需求调研分文献信息（二手资料）、村干部小组和农民小组，具体可参考下列内容制定内容计划。

为了在调查中完全落实需求评估计划的内容，可以将所有内容用表格的形式列出。当然，在进行需求评估的实际调查时，推广人员不能原样地将这些表格拿出来要求农民填写。在调研过程中，应该善于将表格的内容作为与农民交流的内容提示，提醒自己不要忘记一些具体的内容。在访谈结束的时候，按照提前列出的表格格式进行总结整理。

（一）文献信息（二手资料）内容

（1）产业发展规划。

（2）乡镇及重点村资源信息。

（3）乡镇及重点村经济状况。

（4）乡村组织状况。

（5）农业生产现状。

文献信息的参考内容见表2-2。

表2-2　文献信息内容明细

资料内容			获得手段（部门）
发展规划	区县农业发展规划		区县农委
	区县畜牧业发展规划		区县动监局
	区县种植业发展规划		区县种植业服务中心
	新农村建设发展规划		新农村建设办公室
	乡镇发展规划		乡镇政府
	村发展规划		乡镇政府
乡镇及重点村资源资料	土地资源	土地总面积、耕地、保护地、林地、草地等	统计局、县志、乡镇经管站（经统科）
	人力资源	人口结构及文化程度	

（续表）

资料内容			获得手段（部门）
乡镇及重点村经济状况	收入结构	产值、户均收入、人均收入、收入主要来源	乡镇经管站
	产业结构	第一产业、第二产业、第三产业比例	乡镇经管站
乡村组织	协会、合作社		民政局、工商局、经管站
作物/畜牧生产现状	作物/畜种规模	区县种植业生产/畜种场户数及存栏	区县种植业中心/区县动监局
		乡镇农户种植规模/各畜种场户数及存栏	乡镇经管站
		村农户种植规模/村各畜种场户数及存栏	乡镇农业服务中心/兽医站

（二）村干部小组调研内容

1. 产业发展基本情况（建议结合使用季节历）

村产业发展现状样表见表2-3。

2. 产业发展具体情况（建议结合使用季节历）

产业发展具体情况样表见表2-4、表2-5、表2-6。

（1）作物品种（产量、收入、纯收入、投入）。

（2）畜种（存栏、年产、收入、纯收入、投入）。

（3）生产投入（种类、金额、所占比例、比重、投入）。

（4）农资采购（种类、购买渠道、方便程度、质量、问题、原因、建议）。

（5）产品销售（产品、渠道、地点、方便程度、价格、问题、原因、建议）。

3. 合作组织

对合作组织的调研样表见表 2-7。

4. 农民培训与技术推广

对农民培训技术推广情况的调研样表见表 2-8、表 2-9。

5. 村级技术员

对村级技术服务人员情况的调研样表见表 2-10。

表 2-3 村产业发展现状（样表）

项目	第一产业	第二产业	第三产业
劳动力			
产值			
产值比例			

表 2-4 种植业结构（样表）

作物种类	栽培方式	面积（全村）	亩产（公斤）	亩投入（元）	单价（元/公斤）
蔬菜					
西甜瓜					
花卉					
小麦					
玉米					

作物排序：按照播种面积选择前三种进行具体分析。

表 2-5 村种植业结构（样表）

作物	面积	亩产	商品量	收入

表 2-6 村养殖业结构（样表）

畜种	户数	养殖方式	存栏	年产	收入

表 2-7 合作组织调研内容（样表）

名称	成立时间	会员数量	服务内容	运行状况	效果	问题	原因	建议

表 2-8 农民培训调研内容（样表）

培训形式	培训内容	培训方法	组织部门	培训频次	参加人数	培训效果	问题	原因	建议
田间学校									
远程教育									
集中授课									
电视录像									
爱农驿站									
实用人才培训									

表 2-9 技术推广调研内容（样表）

推广方式	组织部门	技术种类	采用率	推广效果	问题	原因	建议
试验示范							

（续表）

推广方式	组织部门	技术种类	采用率	推广效果	问题	原因	建议
观摩交流							
技术咨询							
科技赶集							
实地指导							
技术资料							
手机短信							

表 2-10　村级技术服务人员调研内容（样表）

名称	人数	服务内容	服务质量	问题	原因	建议

（三）农民小组调研内容

1. 农民小组调研内容及调研工具的匹配（见调研内容参考）

（1）农户基本信息（表格）。

（2）村产业结构与产业发展基本情况（表格）。

（3）农户收入结构与收入来源（季节历）。

（4）产业分布与基础设施（社区图）。

（5）生产资料投入（季节历）。

（6）市场营销（季节历）。

（7）农业培训与技术推广（机构联系图＋统计表格）。

（8）合作组织（H图）。

（9）农业生产中存在的问题（头脑风暴、排序和问题收集分析表）。

（10）将来的发展设想（发展趋势讨论）。

2. 农民小组调研内容的细化

农民小组调研内容的细化样表见表2-11至表2-25。

表2-11　被调查者基本信息（样表）

村名	姓名	性别	年龄	文化程度	家庭人口	劳动力	家庭主业	电话

表2-12　被调查者基本信息——产业结构（样表）

畜牧业			种植业（亩）			水产业		其他	家庭年毛收入	各产业及收入比例			
畜种	规模	年限	种类	面积	年限	水面	年限			种植	养殖	水产	非农

表2-13　种植业结构（建议结合使用季节历）（样表）

作物种类	栽培方式	面积（全村）	亩产（公斤）	亩投入（元）	单价（元/斤）
蔬菜					
西甜瓜					
花卉					
小麦					
玉米					

作物排序：按照播种面积选择前3种进行具体分析。

表2-14　主要作物技术选择与分析（样表）

类别	名称	来源	农民满意程度（发卡片，打分0-10分）	为什么？（排序，分析前3个和后3个）	建议
品种					
育苗					
栽培管理					
病虫害防治					
施肥					
灌溉					

表2-15　养殖业结构（样表）

畜种	养殖方式	养殖规模（全村）	年产胎数（产蛋量）	窝产仔数	年出栏数	投入（元）	产出（元）
羊							
蛋鸡							

畜种排序：按照播种面积选择前三种进行具体分析。

表2-16　养殖业—生猪（样表）

品种	现存栏	养殖方式	基础母猪数	平均窝产仔数	平均年产胎数	出生重	断奶日龄	仔猪保育条件	60日龄成活率	配种方式	饲喂方式	分几阶段饲养	年出栏数	出栏日龄	出栏重

表 2-17 养殖业成本（样表）

消毒周期	清粪方式	成品料来源		投入成本（元）					毛收入	有无生产记录
		自配	购买	饲料	兽药	水电	人工	其他		

表 2-18 养殖业主要技术选择与分析（样表）

类别	名称	来源	农民满意程度（发卡片，打分 0-10 分）	为什么？（排序，分析前三个和后三个）	建议
品种					

表 2-19 农资采购（样表）

种类	购买渠道	方便程度	质量状况	问题	原因	建议
种子	小商小贩上门销售					
	本村销售点					
	县城农资超市					
	农技部门销售					
化肥						
农药						
有机肥						
农机						

（续表）

种类	购买渠道	方便程度	质量状况	问题	原因	建议
饲料						
兽药						

表 2-20　产品销售（样表）

种类	销售渠道	销售地点	方便程度	价格差异	问题	原因	建议
蔬菜	地头小贩						
	批发商						
	直接到市场						
	合作组织						
西甜瓜							
粮食							
鸡蛋							
羊							

表 2-21　合作组织（样表）

名称	成立时间	会员数量	服务内容	运行状况	效果	问题	原因	建议

表 2-22　农民培训（样表）

培训形式	培训内容	培训方法	组织部门	培训频次	参培人数	培训效果	问题	原因	建议
田间学校									
远程教育									
集中授课									
电视录像									
爱农驿站									
实用人才培训									

表 2-23　村级技术服务人员（样表）

类别	人数	服务内容	服务效果	建议
协调员				
全科农技员				
信息员				
示范户				
防疫员				
水管员				

表 2-24　技术推广（样表）

推广形式	组织部门	技术种类	采用率	推广效果	问题	原因	建议
试验示范							
观摩交流							
技术咨询							
科技赶集							
实地指导							
技术资料							
手机短信							

表 2-25　问题收集分析（样表）

问题	症状	原因	影响	措施	效果	困难	支持

第三节
开展参与式农业推广需求评估的方法

开展参与式农业推广需求评估一般使用的方法与一般农业推广方法相同，所以在这里只做简短介绍或介绍其他章节没有涉及的内容。具体细节参见其他章节。

需求评估的方法可以分为个人方法、小组方法、非正式小组和快速农村评估四种方法。

一、个人方法

个人方法指从一个人一次性收集信息的方法。个人方法包括面对面访谈、关键人物访谈、问卷、非正式个人观察和正式个人观察。

1. 面对面访谈

面对面访谈尤其适于对文化水平低的对象或仅有少数可用资料的复杂问题。结构化和非结构化的问题都可以在面对面访谈中应用，究竟用哪一种，取决于需要访谈的问题多少和可用的时间长短。非结构化问题适用于碰上需要对复杂问题或敏感问题找到准确答案的时候应用。

2. 关键人物访谈

关键人物指那些由于在某个领域具有专业知识被认为是专家的人或由于他们所处的位置对社区或组织机构有影响的人。例如，教师、宗教领导人、最基层工作人员、政治领导人等。关键人物访谈特别适用于在有限的预算情况下还需要做得很快的需求评估。

3. 问卷

需求评估如果做得更加结构化，可以采用电话、邮件或小组的形式采用问卷的方法来开展。问卷可以采取邮寄的方式，也可以趁人开会或有集合活动的时候要求人们填写，在离开时交上来。但要小心甄别是否人们填写的内容反映被调查者的真实想法。简单清楚的问卷见表2-26。

表2-26 推广人员专业技能问卷

本问卷列出一些农业推广人员实施教育项目需要的专业技能。对下面每一个技能我们希望你能够填写出（1）你对这种技能的胜任程度；（2）这种技能的重要性。

你对这种技能的胜任程度 1 = 完全不胜任 2 = 有点不胜任 3 = 比较胜任 4 = 胜任 5 = 非常胜任		这种技能的重要性 1 = 不重要 2 = 有点重要 3 = 比较重要 4 = 重要 5 = 非常重要
	请将在适合的数字上画圈	
1 2 3 4 5	1. 制作教学材料	1 2 3 4 5
1 2 3 4 5	2. 使用视听设备	1 2 3 4 5
1 2 3 4 5	3. 开展示范方法	1 2 3 4 5
1 2 3 4 5	4. 评估社区需求	1 2 3 4 5
1 2 3 4 5	5. 确定评估需要的信息	1 2 3 4 5
1 2 3 4 5	6. 制定项目预算	1 2 3 4 5

　　培训需求分析问卷的设计包括三方面的内容：①组织机构方面（如组织名称、工作人数量、主要活动、培训情况等）；②个人情况方面（如年龄、性别、受教育程度、接受过的培训、经历、工资等）；③个人培训需求方面（现有知识、技能和态度，工作所需要的知识、技能和态度、现有的差距和个人认为存在的问题等）。

二、小组方法

　　小组方法是指人们形成小组对某个专题进行讨论的方法。在需求评估活动中，通过小组方法使参与者相互交流。利用小组方法成功开展需求评估的关键是有能力的主持人，同时，参与者要有所讨论的专题的知识并愿意参加小组活动。

1. 专题小组

小组访谈方法中有代表性的是专题小组访谈。专题小组访谈是指居于某些特征的一组人对某一专题提供定性化的数据。一般来说，每个小组由 6～8 人组成，在主持人和助理主持人的指导下花 1～2 个小时讨论一个共同的题目。将讨论内容写在大白纸上或录音，会后整理成报告。有时，某个题目需要开展几个小组访谈。在专题小组访谈中，主持人首先提出问题，然后小组展开讨论。例如，推广机构准备对种植西红柿的农民提供一些生产技术方面的培训，但不清楚培训的对象和培训内容。为了有针对性地开展培训，需要首先运用专题小组的方法进行参与式需求调研，因为专题小组访谈可以为学员提供提出问题、分析问题和提出解决问题方案的机会。专题小组访谈可以分为 5 个步骤：

（1）预先确定需要提出的问题。根据需求调研的目标由调查者用当地语言提出相关问题。

（2）选择被调查对象。推广人员可以带助手开展访谈活动，帮助组织人员与核实信息等相关工作。6～8 个被访者的选择应该视评估目标而定，可能需要包括妇女代表、村干部、宗教人士等。推广人员最好预先与确定要参加的被访者联系，说明专题小组访谈的目的和时间。根据评估目标，选择参加专题小组的被访者的条件可能包括知识水平、工作经

验、沟通能力和个人兴趣等来决定。

（3）制定访谈计划。推广人员根据具体情况制定访谈的具体时间、地点、内容、步骤等一系列工作环节包括做好其他必要的准备工作。

（4）主持访谈会。推广人员应该亲自主持讨论会，或在助手的协助下开展工作。要通过主持，使讨论会能够按预先的计划顺利实施。在主持讨论时最好使用大白纸和记号笔的可视化工具进行。对主持人的能力要求包括：①熟悉小组工作方法；②善于倾听；③具有所讨论专题的充分的背景知识；④娴熟的沟通技巧；⑤具有幽默感。

（5）数据分析和报告撰写。在访谈会结束后需要马上对所获得的信息和数据进行总结和分析，如果是不同的几个专题小组会，在每一个专题小组讨论会结束后都需要对分别作出简短的分析和文字报告。每个总结报告都需要对讨论会上发生的关键的事件、插曲、主要观点、评论意见分门别类地进行分析、归类和整理。然后将统一专题的不同小组讨论会得到的结果加以比较分析，然后根据目标得出结论，最后提出一些相关建议。

2. 选题小组

选题小组访谈可以用于需求评估的机会发现和确定优先序。通过选题小组所得到的数据虽然也是在小组内获得的，但有些限制语言交流。

选题小组访谈步骤用下面的例子来说明。例如，农民协会主席邀请推广人员主持一个协会内选出的代表参加的会议来决定下一年的工作计划。当了解到农民能够用当地语言阅读和书写的时候，推广人员建议使用选题小组的方法来进行。推广人员在主持选题小组的会议上使用以下6个步骤：

（1）提出问题。首先向与会者很清晰地陈述会议主题。例如，"我们协会下一年应该开展哪些活动？"

（2）征求想法。与会者面对面坐在一起，首先有几分钟的思考，然后将自己的意见写在一张卡片上。在这个过程中要求与会者每个人独立完成，避免相互干扰。

（3）展示想法。当写完之后，每个人将卡片交给主持人。主持人将每个人的想法写在前面的教学板上。主持人要如实地将与会者的想法简明的写出来，而不要试图修改或判断。当所有人写完之后，按顺序排列好。例如，这些想法可能包括组织农民集会、组织一次参观考察活动、需要建立一个协会办公室、多吸收一些会员、在乡镇开展一次农产品展览会或举行一次销售农产品的活动等。

（4）澄清想法。鼓励农民解释所列出的想法，每个人可以表达自己对这些想法的意见，包括是什么意思？是否同意？为什么？这个过程要求以很民主的方式进行。

（5）确定优先序。要求与会者从众多想法卡片中选出三种最重要的想法并排列出现后顺序。用卡片收集意见要尽量做到匿名。然后计算票数并公布结果。以上面的题目为例，被确定的三个重要的活动可能是在乡镇举办农产品销售会、组织一次参观考察活动和吸收会员。

（6）最终讨论和投票。最后一步是农民对投票进行讨论、做进一步说明以及提出肯定或修改意见。最后农民一致同意开展产品销售活动和吸收会员。

3. 非正式小组

非正式小组指以小组的形式或利用社会集会的场所收集信息的方法。

一般比较普遍指与会者在会上谈一些关于自己的家庭、所在社区甚至其他感兴趣的话题。这种聊天式的谈话可以为组织或个人所面临的问题找到一些解决线索或途径。会议中间的休息也可能给人们提供一些谈及对自己、组织或社区比较重要的事情，也许一些在聆听人们闲聊的时候发现某些组织机构的需求。社会集会的场所包括娱乐、文化和宗教场所也可以用来收集信息。有价值的信息可能从积极倾听某些人的聊天开始，然后选择一些人对偶然听到的谈话进行澄清的方式来获得。

4. 快速农村评估

应用快速农村评估或参与式农村评估方法是指用多种数据收集方法和工具获得当地社区实际状况和需求评估的方法。详细内容请参考有关章节。

三、参与式农业推广需求评估的实施

1. 小组访谈的实施

（1）准备好预先拟好的访谈提纲。

（2）鼓励尽量不看提纲进行自然交流。

（3）最后检查提纲内容的完成情况决定是否结束。

（4）边访谈边记录，也可以两个访谈者分工。

（5）访谈时间最好不超过 1 小时。

2. 小组访谈对主持人的要求

（1）介绍自己，说明来意。

（2）尊重对方，平等交流。

（3）思路清晰，围绕目标谈主题。

（4）访谈者的分工合作。

（5）主持人主持过程中，自己做可视化记录。

（6）引导农户多谈，给每个人发言的机会。

（7）语言语气贴近农民。

（8）注意倾听，适当引导。

（9）要有幽默感。

（10）控制访谈节奏和时间。

（11）突出主题、灵活应变。

（12）注意阶段性小结。

（13）结束前的概括性总结。

（14）合理使用访谈工具。

（15）忌承诺。

（16）感谢。

3. 小组访谈实施过程应注意的问题

（1）尽量提前与机构负责人或村干部联系好，避免去调查时没有将调查对象组织好。

（2）在确定调研基本内容后最好进行预调研。

（3）预调研后对问卷和访谈提纲进行再调整和修订。

（4）农户访谈尽量避免问答式，多问开放式的问题。

（5）小组访谈主持人注意要将准备时的表格分解为问题，然后自己会后再整理。尽量避免在访谈现场带领被访者连续填写表格。

（6）小组访谈主持人一定要采用可视化方法，要求自己在大白纸上做记录。

（7）注意主持人保持中立立场，避免将访谈变成培训会。

（8）注意对问题的现场分析即参与式分析方法的应用。

第三章

参与式农业推广计划方法

第一节
农业推广计划概述

　　农业推广计划是推广机构或农业推广人员预先拟定的农业推广工作的具体内容和步骤。农业推广计划应该来自农民的需求评估分析所获得的相关工作建议，然后基于这些建议，参考当地资源禀赋和政策条件，制定参与式农业推广计划。

　　一个比较流行并且实用的计划方法是应用于农业推广项目的目标计划方法。目标计划法出现于20世纪70年代，其特点突出表现在项目目标与活动之间严密的逻辑关系和在计划制定过程中的客观性要求。运用目标计划方法制定的项目计划不仅是项目实施的基础，而且使得项目管理（包括实施和评价）变得规范化，也更加容易实施和开展监测与评价。

　　运用目标计划方法制定的项目计划不仅是项目实施的基础，而且使得项目管理（包括实施和评价）变得规范化，也更加容易实施和开展监测与评价。

一、农业推广项目计划的格式

目标计划方法的结果是一个完整的项目计划表。由于这个项目计划表的表现形式充分体现了表内所包含的主要内容之间的逻辑关系，而这种逻辑关系构成了一个完整的矩阵式框架结构，因此人们又称这种计划表为逻辑框架。如表 3-1 所示。

表 3-1　农业推广项目计划表（逻辑框架矩阵表）的格式

层次	内容描述	客观可验证的指标	指标的出处	重要假设
总目标 项目目标 成果 活动		投入方式	投入成本	
				前提条件

二、农业推广项目计划的目标层次

目标计划法的目标层次关系集中表现在逻辑框架的第一列，相互间的逻辑关系如图 3-1 所示。

从图 3-1 可以看出，目标层次的逻辑关系是："总目标"由"项目目标"构成；"项目目标"由"成果"构成；"成果"由"活动"构成。这是自上而下来看纵列的逻辑关系。如果自下而上看，可以看出其逻辑

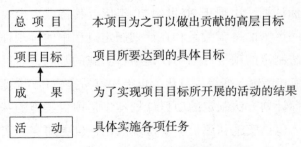

图 3-1　推广计划的目标层次关系

关系是：项目"活动"的完成表明达到了项目的"成果"的实现；项目"成果"的实现表明达到了"项目目标"；"项目目标"的实现为"总目标"的实现做出了贡献。这里需要说明的是，总目标一般是多个项目目标实现的结果。

一般来说，在一个项目中仅有一个项目目标。一个项目目标由多个成果构成，而其中一个成果的取得需要多项具体活动的完成。为了表述清楚，目标层次的逻辑关系可用表 3-2 加以说明。

表 3-2　目标层次的逻辑关系

总目标的重要性是什么？	总目标构成项目逻辑框架的最上层次，其他项目也可能为此目标做出贡献
项目目标的重要性是什么？	项目目标是一个具体项目要达到的目标，可以用来评价某一项目最后结果的成功或指失败，项目管理的使命是要努力保证此目标的实现
项目什么时候结束？	项目在达到项目目标的时候，意味着目标群体已经受益，这时仍要确信项目取得的成就有持续性
为什么仅有一个项目目标？	一个项目目标有利于项目的管理和实施，如果遇见一个项目有两个项目目标的情况，最好分为两个项目
如何确定项目成果？	项目成果要么来自目标分析的目标树，要么来自具体的技术研究
如何确定项目活动？	三种来源渠道： ——目标树； ——具体的技术研究； ——项目参与者的意见
为什么要做"活动"计划	所计划的活动要详细到可以运作的程度，要做到可行性和可信度的结合，主要目的是： ——制定工作计划，安排时间跨度； ——必要的资源计划； ——确定预算

三、农业推广项目计划的指标

推广活动计划是为了达到农业推广项目成果目标所制定的具体实施

方案，需要针对具体活动措施及实施步骤加以描述。一般来说，农业推广活动计划不直接在目标计划法的逻辑框架中表现出来，是独立于项目一览表之外的重要文件。农业推广活动计划的格式见表 3-3。

表 3-3　农业推广的活动计划

农业推广活动内容	活动完成时间	活动所需资源	负责人	备注

第二节
农业推广项目计划制定方法

一、制定农业推广项目计划的基本原则

1. 计划的科学性原则

制定推广计划要注重进行仔细深入的调查研究，对第二手资料要进行充分的科学分析；确定的目标要建立在切实可行的基础上并通过实践检验，根据实践中出现的问题反馈，进行认真的修改和完善。

2. 计划制定过程的参与性原则

推广计划是向农民提供服务的计划，要吸收全社会参与特别是农民参与到计划制定的过程中，包括科研机构、推广专家等组成计划制定小组。在基层制定推广计划应该有农民代表参加。

3. 计划内容的整体性原则

推广内容的确定要注意发挥各部门、各方面的作用，从整体考虑、注意全局利益，避免相互冲突和设置重复，人为地增加执行中的协调困难。

4. 计划的可行性原则

可行性包括技术投入与人力资源开发的平衡；要重视资源的合理配置中的生态和环境的可行性以及市场需求与市场竞争力。

5. 计划制定与执行的连续性原则

推广计划的制定过程与执行过程要有连续性。在计划制定出来以后，在执行过程中需要根据实际情况和问题对推广计划进行必要的修正和调整。前一段推广计划的执行为后一段计划的修改提供了依据和丰富的背景。因此，推广计划的制定和执行是一个连续的学习过程。

二、制定农业推广项目计划的编制程序

由于农业推广项目的种类很多，根据不同的目标和条件，农业推广计划可能有不同的编制程序。制定农业推广项目计划一般需要遵循下面

的工作程序和步骤：

（1）明确推广计划制定的目标和服务对象。

（2）组建计划制定小组。

（3）开展调查研究和情况分析。

（4）确定农民的需要、需求和兴趣。

（5）确定问题、资源和重点。

（6）确定推广项目及项目目标。

（7）设计推广项目的成果。

（8）制定推广活动计划。

（9）制定推广实施计划。

（10）形成完整的农业推广计划书面报告。

三、制定农业推广项目计划的方法

在农业推广计划制定过程中，所组建的计划制定小组与农民一起开展与推广计划制定有关的分析。分析的结果用于形成农业推广计划的框架内容。

（一）问题分析

1.问题分析的目的

通过小组讨论与分析，在较短的时间内与参与者一起对某一特定问题（如社区贫困问题）的原因、导致的结果等方面进行分析，并按照一定的逻辑层次加以整理、归纳。问题分析有助于农民需求的确定，在讨论与分析过程中更好、更快地认清某一事物的本质，以便参与者将注意力集中到问题、原因和影响方面并达成共识，为进一步讨论解决方案打下基础。

2.问题分析的步骤

（1）确定主要问题。

（2）确定中心问题。

（3）中心问题的因果关系分析（见图3-2）。

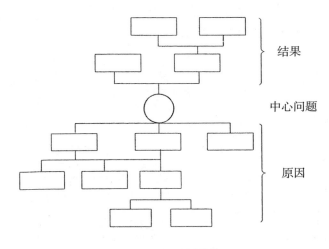

图 3-2　问题树结构

3. 注意事项

（1）把问题描述成不利的状态。一个问题不是一个解决方法的缺乏，而是一种存在的否定态的描述。例如：病虫害是危害农作物的一个问题，不要写成"缺乏杀虫剂"，而要写成"病虫害严重"。

（2）要针对现有的问题，避免那些可能的、想象的或将来可能出现的问题。

（3）不强调问题的解决方法，而只强调不利状态的事实。

（4）中心问题的描述应切中问题的要点。

（5）注意不断提醒大家对不同层次上问题、原因、结果的表达与描述；要注意问题的表述中不要用"缺少"、"没有"等词汇。

（6）可以邀请参与者直接写卡片，也可以由支持者或其助手帮助书写（注意书写后向意见的提供者确认是否准确）。

（7）要尊重每一位参与者，不要加以简单的如"对"或"不对"的评价，可以要求他们对自己的意见加以说明并在讨论后进行修改。

例如，某贫困县的粮食短缺问题非常严重，人们只能靠吃国家返销粮来维持生存。当地干部群众想开展一个项目解决这一问题，首先开始了问题分析，其结果如图 3-3 所示。

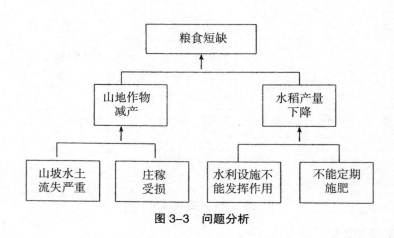

图 3-3　问题分析

（二）目标分析

1. 目标分析的目的

在问题分析的基础上，计划小组成员要根据问题树的逻辑转化为目标树并按照一定的逻辑层次加以整理、归纳。目标分析结果是确定推广计划内容的基础。目标分析的主要目的是：①明确问题树中各层次的目标；②找出解决具体问题的方法；③建立目标树。

2. 目标分析的步骤

（1）将目标树上的所有问题从上至下改变成目标。这种目标是实际可行的；将问题的原文翻改成相应的目标（例如减产 - 增产 / 丰收）；中心问题要变成平级的目标，不再加以强调。

（2）检查目标与问题关系的正确性和完整性，在必要时可以对描述进行改变。

（3）确信将因果关系变成手段和目标的关系。

　　从问题树转化为目标树，只需要将问题树中的问题从消极态或否定态变为积极态或肯定态就可以了。例如在问题分析中关于某贫困省县的粮食短缺问题，也可以从上面的问题树转变为目标树，如图3-4所示。

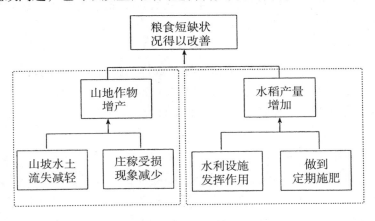

图 3-4　目标树

　　当然，前面已阐述，有时将问题直接转化为目标会有操作性不强、不符合实际情况的可能。例如"蚊子太多"这是一个问题，将其变为目标后则为"蚊子的数量减少"。可是，经过可行性分析研究后发现，此目标并不可行，或明显不具备实现这个目标条件，那么解决"蚊子太多"这一问题的目标可能是"迁居"。这就是目标分析的意义。

　　需要指出的是，有时将问题树中的原因和结果直接转化为目标时并不成立。例如图3-5。

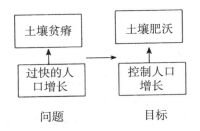

图 3-5　从问题向目标不成立的例子转换

（三）策略分析

策略分析是指对目标树分支的选择，因此也称替代分析。选择恰当的、有可行性的策略方案，即是源于项目作出战略决断，也是对项目规模、投入等进行的最后定向分析。

1. 策略分析的目的

策略分析一般在从多个项目目标中选择一种可操作性的目标时应用。策略分析的目的是：①选出一个或几个可能作为项目的方案；②找出项目的不同解决途径；③决定要采用的项目方案。

2. 策略分析的步骤

（1）指出不切实际的目标。

（2）标出显示不同项目出发点或不同项目组成部分的不同手段／目标连线。在目标结构表上要确定一系列相关的手段／目标（用铅笔作线划分不同的手段／目标范围；不同的线可以重合）。所连起来的线便成为解决问题的不同途径。

（3）用号码或标题标出这些不同途径。

（4）在评价和选择不同方案时要考虑：①发展政策上的优先顺序；②地区间的具体条件（包括技术、物资、人力）；③投入和产出的经济效益；④时间上的持久性；⑤其他合作机构的竞争或合作。

（5）确定最佳项目方案。在考察鉴定和可行性研究的基础上对不同计划方案的费用和收益情况进行分析。由团体讨论或领导决定。

从目标树转化为推广策略举例见图3-6。

（四）指标分析

1. 指标的概念及其特点

客观可验证的指标是指达到总目标、项目目标和成果的具体标准。这些标准被用来监测和评价目标取得的程度和进度。因此，这些标准应该是客观可验证的，它们应能回答以下问题：①数量（多少）；②质量（怎么样）；③目标组或项目对象（谁）；④时间（什么时间开始，什么

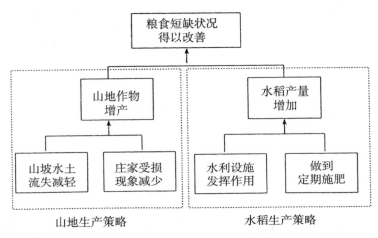

图 3-6 推广计划中从目标树转化为推广策略

时间结束）；⑤地点（在哪里）。

一个好的指标一定要表明上述五个方面的内容。此外，它还应具备以下特点：

（1）准确性：指标可以精确地表述一个目标的典型特征。

（2）目的性：指标可以保证上一目标的实现。

（3）独立性：指标可以在不依赖于其他因素的情况下直接测定目标是否达到。

（4）可检验性：所确定的指标应适合用来检验具体的目标。

2. 确定指标的具体步骤

为成果、项目目标和总目标按下列顺序确定具体指标（不包括活动，活动没有指标表述），见表 3-4。

表 3-4　确定指标的具体步骤

步骤	事例
a. 确定目标	农民的玉米产量得到提高
b. 确定目标群体	小农（有 2 亩以下耕地的农民）

（续表）

步骤	事例
c. 数量	1000 户小农增加玉米产量 30%
d. 质量	保持 2008 年收获时的同等质量
e. 时间	2010 年至 2011 年
f. 地点	甘肃省 ×× 县 ×× 乡

　　如果将此指标写成一句话，那就是："甘肃省 ×× 县 ×× 乡的 1 000 户小农（有 2 亩以下耕地的农户）在 2009～2011 年的 3 年期间提高玉米产量 30%，同时保持 2009 年收获时的同等质量。"这便形成了一个完整的项目目标的指标。

　　3. 检查是否所确定的指标足以达到所要取得的目标要求

　　为操作的便利，在达到目标可检测的条件下，指标越少越好。

　　活动层次的指标常常是相应的投入或预算。因为成本往往与活动有直接的联系。有些组织常常用一些标准化的分类如商业活动、技术服务、培训等来分别计算预算成本。预算的表达常常是所使用资源的总和。

　　4. 指标的出处（来源）表述

　　指标的出处指在计划阶段，计划指标中所采用的数据是从哪里来的；在项目完成后，从哪里能够检查到项目指标所指的具体成就。要求指标的出处来自正常的具有可靠性的方法（统计，观察记录）。

　　确定指标出处的原则是：所选择用来检测目标的指标通过某种方式可以验证。如果做不到这一点，就应该换别的指标来代替。如果没有找到指标验证的方法，则要改变这种指标，见表 3-5、表 3-6。

表 3-5　指标的确定

为什么确定客观 可验证的指标	（1）表述总目标、项目目标和成果的特征 （2）使管理项目更加客观 （3）提供更加客观的监测和评价基础

（续表）

指标应具备哪些标准	（1）数量、质量的具体化 （2）相关性 （3）独立性（专一性） （4）每一特定的目标或成果均有一具体的指标 （5）可检验性（所需要的信息可以得到，如时间，地点等都很清楚）
每个目标或成果是否仅有一个指标	每个目标或成果有必要建立多项指标，这样有利于对项目目标或成果取得成功的程序的检测
是否总能够找到一个指标	应该至少每个目标具有一个指标。如果不容易发现直接用于检验的指标，可以用间接指标代替 直接指标如丰收的成果可用"增加产量"表示；间接指标如"农民收入得到增加"可以用建房条件的改善（如砖瓦、水泥材料）来表示
所有目标是否都可以用客观可验证指标的术语加以描述	有时比较困难，但要尽可能找到表示数量、质量方面的可验证方式，这样可以使项目管理，监测和评价更具客观性

表 3-6　指标出处的确定

为什么要表述指标的出处（来源）	为了确信所表述的项目目标和成果的检验指标来自准确可靠的信息，即客观可检验性
在哪可以发现	项目外：提供适当的信息源 项目内：计划收集信息的活动
怎样评价指标出处	二条标准：可靠性，易于得到
什么时候确定指标的出处	在项目准备阶段，项目目标和成果被确定以后。有些可以在项目实施过程中确立

第三节
农业推广项目计划的形成

当结束上述的必要分析之后，接下来需要将各部分的结果汇成一张总表，即通常称作的"逻辑框架矩阵表"。逻辑框架矩阵表也是农业推广计划的报告格式。

一、农业推广项目计划的形成步骤及其逻辑关系

（一）农业推广计划表的形成

农业推广计划表的形成可以分为以下 10 个步骤：

（1）确定项目目标。

（2）确定为实现项目目标所要达到的成果。

（3）确定为达到每项成果所需要开展的活动。

（4）确定总目标。

（5）用"如果，那么"的逻辑关系自下而上检验纵向逻辑关系。

（6）确定每一层次所需的重要假设。

（7）分别依次确定项目目标、成果和总目标的客观可验证的指标。

（8）确定指标的出处（或称验证手段）。

（9）确定活动成本预算。

（10）对照检查表检查整个逻辑框架的设计。

计划表的形成实际上是在目标树的基础上形成计划表中的目标层次过程。如前所述，项目目标是一个项目必须要达到的目标。项目目标的实现一定要保证项目对象（目标组）的持续效益。项目目标的确定主要基于目标分析的结果。如果目标分析符合实际并具有逻辑性，便可以直接选择目标树的顶端或第二层目标作为项目目标。

确定总目标可以从项目目标分析的结果——目标树的顶层直接取来

作为总目标。但一般来说，如果项目目标树的顶层已被选择作为项目目标，那么总目标就需要在现有目标树的顶层上再向上分析一层作为总目标。

由于总目标是多个项目目标实现的结果，因此，一个项目目标的实现仅能对项目总目标做出它所能做出的贡献，而总目标则是对项目实施起到的是方向上的把握。因此从实际意义上讲，总目标是宏大的，而项目目标则是具体而现实的。

目标分析后的结果（目标树）与以上目标层次的关系如图 3-7 所示，它表明了目标树上的各项分析结果是怎样转化为项目逻辑框架矩阵表的各项目标层次的过程。可见，目标树的另一分支在这里并没有被利用。如有必要，可利用另一分支的分析结果建立另外一个逻辑框架矩阵表，那么就等于建立了另外一个新项目。如果这样，项目目标便是目标树中第二层次的左边一项，而总目标可以共享。成果的确定也是一样的道理。例如，一个项目目标是"增加粮食产量"。那么上面列举的项目成果的产出可能是"农民受到了培训"，"建立了适合的信贷系统"和"提供了农业投入"。

成果是活动的目标，是项目所需资源确定的依据，活动则是实现整个项目目标的基础。在计划活动时，一定要确信一旦所开展的活动结束，相应的，这些活动所要达到的某项成果就会实现。如果初步计划后仍对成果的实现抱有疑虑或缺乏信心，最好再加上其他可能的活动。

一般来说，每项成果由第 3～7 项活动构成。有时应该有意识地将工作分解成几个部分，以便使活动更益于开展，使计划更顺利地实现。项目活动也应该包括项目管理人员的一些基本行动，如定期的会议，监测及评价活动安排等。

（二）农业推广计划的逻辑关系

与目标分析相同，逻辑框架矩阵的主要结构表现在对原因和影响的因果关系的分析上。这种关系越明显，项目设计就越好。这就是所谓

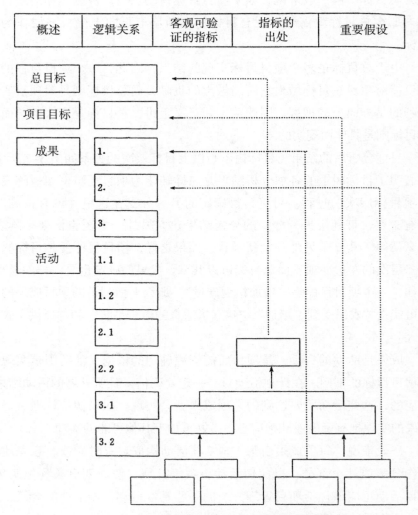

图 3-7　从目标树转化为项目逻辑框架矩阵表

"如果……，那么……"的关系。例如，如果我们为农民提供了优良品种，信贷体系到位的话，那么产量将会提高。当然，这种逻辑框架型的目标计划法在某种程度上强迫了项目设计者这样去思考问题，但并不能保证所设计出的项目的合理性。真正做到因果关系逻辑的有效性，还要靠项目设计者的素质和经验。

二、农业推广项目计划表的重要假设和预算

（一）重要假设的含义及条件

"重要假设"是对那些在项目的控制范围以外，却对项目的成功起影响作用的条件。在确定重要假设时，如前所述，一般要回答这样的问题，即"哪些外部因素对项目的实施和持续性显得特别重要，但项目本身又不能施加控制？""重要假设"的作用是提醒项目管理者注意监督此类条件的变化。如有可能，应施加一定的影响，使其尽可能向有利于项目实施方向转化。

列入逻辑框架矩阵表的重要假设一般要具备三个条件：①对项目的成功很重要；②项目本身无法对此进行控制；③有可能发生。

重要假设可以描述自然条件，如保证五月份至十月份的降水量是多少、粮食价格保持稳定、农民愿意采纳新技术、农民愿意使用新的信贷系统等；也可以描述与此项目有关的其他项目，如灌溉项目一定要按时完成，或者施肥项目届时结束等。

这里需要反复强调的是"可能发生的"一点，即不确定性的程度。例如，我们假定将有充足的降雨量。没有这个条件，新的品种就不会达到增产的目标。如果你想测定这种不确定性的程度，你需要了解这种假设变成现实的可能性有多大。如果在播种季节，降水量至少要在 50 毫米以上才能达到预期的产量指标，而且在过去的 10 年中仅有 3 年是这种情况，那么说明这种假设对于这个项目说来发生的可能性很小（30% 的概率）。

在项目设计时，某一条件有 100% 实现的可能性很少，同时如果真是这样，也没有必要列入重要假设内。在不确定的前提下，不确定程度越低，项目设计越有把握。

重要假设说明见表 3-7。

表 3-7　重要假设说明

问题	说明
为什么要包括重要假设	项目以外的因素（外部条件）常常对项目的成功影响很大，因此需要及早认真地加以鉴别并给予充分注意
外部条件的来源	目标树所包括的某些"目标"可能属于外部条件，在进行目标分析时应加以注意。其他外部条件可通过专家和参与者分析确定
外部条件什么时候转化为重要假设	如果在项目评估或项目可行性分析时认识到外部条件对项目成功的重要性就应作为重要假设给予考虑。如果外部条件对项目执行是很重要的因素，很可能发生，但又不能被项目所控制，就可放入重要假设栏内
如果重要假设不可能实现怎么办	放弃或重新设计这个项目。重新设计所要达到的成果或调整项目目标
如何描述重要假设	根据理想的状况进行描述。做到可以证实和评估
哪个目标层次应该有重要假设	项目目标或成果层，因为重要假设是针对取得上层目标而言
什么是前提条件	前提条件是项目活动开展之前必须满足的条件

（二）重要假设与目标的关系

重要假设与目标的关系如图 3-8 所示。一般来说，总目标的指标比起项目目标和成果来更倾向于定性，项目目标和成果的指标则更倾向于定量，以易于检测。

图 3-8 说明，一旦前提条件得到满足，项目活动便可以开始。图中之所以用虚线，说明开展项目活动的先决条件不总是必要的。一旦项目活动开展，所需的重要假设也得到了保证，便应取得相应的成果。一旦这些成果实现，同水平的重要假设得到保证，便可以实现项目目标。一旦项目目标实现，同水平的重要假设得到保证，项目目标便可以为项目的总目标作出应有的贡献。

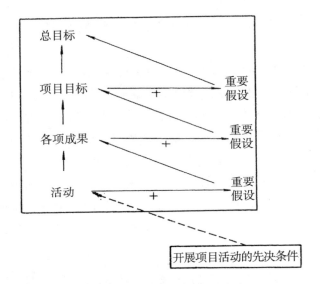

图 3-8 重要假设与目标的关系

（三）确定项目的预算

项目投入是项目管理的重要部分。投入形式和投入数量表明项目规模，这直接影响到项目的效果。认真谨慎地做好这项工作是项目成功的重要保证。

确定项目投入形式和投入数量的具体做法如下：

（1）根据逻辑框架内所列出的每个活动，确定所需要的人、财和物的数量。

（2）明确投资者和受益者。

（3）人员投入以人月为单位计算。

（4）对所投入的设备、物资应登记清楚（如两台拖拉机、一套检测设备），并要注明所指的具体活动。

（5）计算投入总量。

（6）计算每个成果的投入总量。

（7）在效益风险分析的基础上估计可能附加的投入量以及逻辑框架

内反映不出来的隐性投入（如组建办公室、秘书及司机等的费用负担），并通过讨论加以落实。

（8）当资助组织已经限定资金数量时，项目设计一定从量化方面考虑，计划要说明多少投入量能够取得（或不能取得）多大结果。

（9）如遇到以下情况，要重新对设计方案进行质量方面的检查：能源消耗太高；需要外汇；结果长期依赖进口；项目执行费用或以后维持费用太高；劳动强度不够或目标组自助力发挥差。

总之，应根据实际可能性和必要性来计算投入类型和投入量，其结果应能反映出不同层次的利益和责任。最后将研讨和估算结果填入逻辑框架表内。项目的投入形式和投入量确定后，逻辑框架矩阵表至此已全部完成。

三、农业推广项目计划的复查核实及实施计划

（一）对农业推广项目计划的整体检查

对农业推广项目计划的检查内容如下：

（1）垂直逻辑关系（目标层次）是否完善、准确。

（2）客观可验证指标和指标的出处是否可靠，所需信息是否可以获得。

（3）前提条件是否真实，符合实际。

（4）重要假设是否合理，有无多余或漏掉。

（5）项目的风险是否可以接受。

（6）成功的把握性是否很大。

（7）是否考虑了持续性问题，这种持续性是否反映在成果、活动或重要假设的内容中。

（8）效益是否远远高于成本。

（二）对农业推广项目计划表的具体检查

对农业推广项目计划表的检查内容如下：

（1）项目具有一个目标。

（2）项目目标不是对成果的重新描述。

（3）项目目标是项目的外部管理责任（与成果是相对的，项目成果实现之后，项目目标是显而易见的。这里外部管理责任指项目目标的客观性）。

（4）项目目标描述清楚。

（5）所有成果都是完成目标的重要条件。

（6）各项成果描述清楚。

（7）各项成果描述为活动实施后的结果。

（8）所设计的活动都是完成专项成果的必要条件。

（9）总目标描述清楚。

（10）总目标与项目目标之间具备"如果，那么"的逻辑相关性，没有忽略重要的步骤。

（11）在同一层次上，成果加上重要假设构成达到项目目标的必要的、充足的条件。

（12）项目目标加上重要假设构成实现总目标的关键条件。

（13）投入与活动之间的关系是真实的。

（14）成果与项目目标之间的关系是真实的。

（15）活动、成果、项目目标和总目标的纵向逻辑是真实的。

（16）项目目标的指标独立于成果。它们不是成果的总结，而是检测项目目标的尺度。

（17）项目目标的指标测定是达到项目目标的重要的方面。

（18）项目目标的指标可以检测数量、质量和时间标准。

（19）成果的指标在数量、质量和时间上是客观可验证的。

（20）总目标的指标在数量、质量和时间上是客观可验证的。

（21）在活动层所描述的投入反映完成项目目标所需要的资源。

（22）指标的出处说明在哪里可以获得验证每个指标的信息。

（23）活动说明为了指标出处的获得所需要的行动内容。

（24）成果说明项目的管理责任。

（25）根据逻辑框架矩阵表可确定项目的评价计划。

案例：一个关于水稻增产项目的农业推广计划

推广计划例表见表3-8。

表3-8　水稻增产项目的农业推广计划（例表）

层次关系	内容描述	客观可验证的指标	指标的出处	重要假设
总目标	粮食短缺状况得以改善	自 1992 年 1 月 至 1997 年 12 月，本省人均口粮由每人每年 75 公斤（1992）稻谷增加到 250 公斤（1997）	农业部 1998 年的调查统计结果	
项目目标	增加水稻产量	每公顷增加水稻产量 1993 年　5% 1994 年　10% 1995 年　20% 1996 年　30% 1997 年　10%	1993～1997 年项目报告	国家政策保证首先解决口粮问题
成果	1.水利设施发挥作用	自 1995 年起，所有耕地变成水浇地	农户调查结果（1995～1997 年）推广机构报告项目报告	（1）水利系统免遭破坏 （2）水利系统的维修保养 （3）机械化的水稻生产
	2.做到定期施肥	插秧之前所有农民有秧苗，每公顷施肥 50 公斤		
	3.农民使用新的栽培技术	农民自 1996 年开始适时播种，合理密植		

（续表）

层次关系	内容描述	客观可验证的指标	指标的出处	重要假设
活动	1.1 组织农民 1.2 精淤修渠 1.3 修坝 1.4 培训农民，提高管理和参与意识	（1）人员投入360个人月 （2）3辆汽车，辆摩托车 （3）3间办公用房 （4）办公费用 （5）运行费	360 000元 300 000元 30 000元 50 000元 60 000元	（1）路况良好 （2）推广人员有积极性 （3）推广人员能顺利与农民沟通 （4）肥料得以继续供应 （5）推广服务可满足农民变化着的需求 （6）培训经费得以保证
	2.1 组织肥料购买 2.2 组织肥料发放	总计	800 000元	
	3.1 组织推广服务 3.2 培训推广人员 3.3 培训师资 3.4 开展使用肥料对环境的影响研究			前提条件： 建立组织的报告得到上级批准

（三）农业推广活动的实施计划

为了认真地落实逻辑框架中的各项活动，需要在完成逻辑框架矩阵表之后，制定一个切实可行的活动实施计划。一个简单的实施计划包括活动、时间和负责人或负责机构。表3-9是年度实施计划表的简化格式实例。

表 3-9　农业推广活动的年度实施计划表的简化格式（实例）

活动		1998 年												负责人/机构
		1月	2月	3月	4月	5月	6月	7月	8月	9月	10月	11月	12月	
1.1	造林													
	组织对造林户的技术培训													林业技术站
	整地、对整地和苗木的质量检查				×									农民
	抚育、管护及补植				×	×								农民
	推广和技术指导				×	×								林业技术站
1.2	抚育和管理													
	实施抚育措施（松土、除草、施肥等）						×	×	×	×				农民
	围封			×	×									农民
	人工管护			×	×	×	×	×	×	×	×	×		林业技术站
1.3	根据项目合同进行监测和付款													
	由乡林工站和农民一起自查并提交报告						×							林业技术站
	由旗/区项目办组织复查						×							林业局
	由监测中心进行检查验收							×	×					林业局

　　根据具体情况不同，农业推广的活动的实施计划表也可以采用另外一种形式拟订，其内容主要包括活动、负责人、起始和完成时间、资源成本估算和活动完成的标准等项内容。见表3-10。

表3-10　农业推广活动的实施计划表的简化格式

活动	负责人	起始时间	完成时间	资源和成本估算	检验标准
1.					
2.					
3.					
4.					

第四章
参与式农业推广实施方法

　　参与式农业推广工作方法包括一系列推广人员需要在日常工作中使用的方法和工具，这些方法和工具可以帮助推广人员提高沟通能力和工作效果。

第一节
问题解决导向的工作方法

　　问题解决导向的工作方法指推广人员为了帮助农户解决实际问题所采用的方法，包括发现问题的方法、分析问题的方法和解决问题的方法。问题解决导向的工作方法是从发现问题入手，瞄准农民关心的问题，利用参与式的方法分析和解决问题的过程。

一、发现问题的方法

　　发现问题的方法包括：观察、访谈（个体访谈、小组访谈）等。

（一）观察法

1. 观察的含义

观察是指调查者对调查对象及其相关行为、环境的一种感觉性、直观性的检查，一般不需要找人谈话，讨论问题，只是通过眼睛的直接观查所得到的主观印象，产生对客观现象的体会和判断。

对于培训专家来说，观察不仅是有价值的，而且是一项重要的技能，因为它是培训需求分析的重要工具。

2. 观察的步骤

（1）准备：当准备观察某个人正在进行的工作或任务时，在观察之前首先要与被调查者讨论工作任务的内容和结果，提前了解想要知道的东西，将要发生什么、怎样发生、要用多长时间，等等。

（2）操作：要求被调查者放慢及重复操作动作，注意提问要在操作动作完成后进行。

（3）重复操作：要求被调查者将此项操作以正常速度重复一遍。

（4）比较：比较是为了确定不同的人在时间和速度上的相似和相同之处。如果有可能，观察不同的人做相同工作的情况，让不同被调查者解释他们正在做的事情，以及他们怎么学会的，在方法上的最大不同点在哪里，必要时可以组织小组讨论以解释这些不同点。

（5）自己实际操作。

（6）汇总：最后，将所观察到的步骤和方法记录汇总，与通过采访和问卷所收集到的信息加以比较，得出最终结论。

在对农民或技术员的技术水平进行观察时，一般不需要做专门表演。例如，为了了解饲养奶牛的农民的挤奶技术，培训者只要在他们给牛挤奶的时候站在旁边观看就可以了，这样得到的结果往往更加真实可靠。

如果你是一个专业技术人员或者专业技术的培训专家，你会感觉到观察是最好的、最简便的调查方法。

3. 对植物的观察

对动植物的观察需要观察动植物本身的表现和与动植物正常生长相

关的因素。

（1）对植物观察的内容

观察出症状不一定是问题，怎么找出引发症状的原因则要通过分析。例如，如果植物叶子黄，那么病害、虫害、旱、紫外线灼伤等多种原因都可能造成。要观察的细、并如实记录，进行分析。分析阶段至关重要，通过分析找出问题的根源所在，才能对症下药。观察内容主要有以下几方面。

确定适当的目标系：观察者首先要对该作物的生长比较熟悉，了解它正常生长条件下应该有的长势，或者在该地区农户的种植水平下应该有的作物长势，把它作为比较的标准。只有这样，才能准确地发现问题

寻找异象：首先要大范围扫描，寻找异象。比如植株大部分都是正常还是不正常？如果不正常，主要表现在哪些方面？比如，是否有成片植株叶片偏黄的现象？是否有成片植株明显偏矮或偏高的现象？是否有成片植株死亡现象等。在确定异象的基础上，需要对植株的茎、叶、花、果实甚至根系进行仔细的观察和分析，发现异象的具体部位、症状及发展的严重程度，看看是否有虫子，如果有，都是什么虫子？有多少？对植株的危害部位和症状等。看看田间及生产周围是否有杂草，如果有，品种有哪些，量有多少等。同时，我们还要仔细观察生产的环境，主要包括温度（看是否挂有温度计、是否完好、有几个、挂设的位置、当时的温度到底多少，设施的风口设计情况及当时的放风情况，询问放风管理情况或者查看生产记录，植株的节间长短是温度是否合适的最好见证，叶片的颜色、株高、长势的强弱以及挂果的多少都可以用来判断温度是否合适）、光照（如果是设施生产，要看看设施的结构是否合理，覆盖物都有什么、覆盖物的具体品种和规格、农膜的新旧情况及清洁情况、是否有遮阳网、规格如何、如何覆盖的等，植株的引蔓方式、定植密度、整枝打杈及定果情况、定植畦的走向等）、水分（首先要看灌溉方式；再看植株长势情况，包括生长点、新叶是否正常，叶片的颜色是否正常，叶片与主茎的夹角或者卷须与主茎的夹角是否正常都可以用来判断水分

是否合适等；然后还要看看土壤的湿润情况是否正常等；最后还要看看整地情况，看是否平整、整齐，地势情况等）、肥料（主要观察土壤性质；询问或者查看生产记录，了解底肥和追肥的施用情况，包括肥料的品种、数量、施肥方式方法、施肥时间等；观察植物本身，包括叶形、叶色、叶片厚薄、茎粗、株高、果实的形状大小及整齐度等）。同时，还要观察田间的其他技术应用情况，比如保护地生产是否在风口和门口安装了防虫网，如果有，规格如何，设施内是否安装诱虫黄板和篮板，如果有，安装了多少、安装的位置如何等，设施内是否有应用了二氧化碳施肥技术，如果有，要了解方式方法等；如果是露地生产，是否有杀虫灯、排水沟的设置等。最后还要观察一下生产大环境，包括周围的生产设施、作物、环境的清洁情况等。总之，对于不同的生产环境、不同的生产季节、不同的生产作物，田间观察的内容各有不同，需要我们观察者本身有一定的专业知识和生产经验，才能更加全面、准确地了解生产管理的现状并发现生产管理中问题。

分析异象的比例：对异象进行剖析，了解异常长势植物发生的比例和位置，如果发生不严重，可以整个生产区进行统计；如果发生比较严重，可以在一定的观察面积范围内进行统计，记录所有的植株数量以及异象的植株数量即可，最后计算出异象发生的百分比。

观察异象的发展阶段：了解异常长势植物发生的严重程度，具体表现在植物的根、茎、叶、花、果上，要观察正常植株的株高、叶片、花、果实的长势情况（包括高矮、大小、粗细、颜色等），同时测量异象植株的长势情况，把两者进行对比分析就能初步说明和判断异象的发展阶段。

确定趋势与影响：根据异象发展阶段分析、植物生育期的特点以及农户已经采取的生产管理措施综合分析异象的发展趋势，正确估计对生产的影响，提出比较经济合理的管理措施。

（2）对植物进行观察时的注意点

观察的时期：气候发生骤然变化时；病虫害易发生的季节；每种作物生产的关键时期。

观察时间：一天什么时候下地观察非常重要，比如霜霉病的最佳观察时间应该是早上露水未干时，这时候看到的最真实、最容易准确判断。

观察顺序：观察要由远而近、先动后静。先看生产大环境、发现异象植株，再近距离仔细观察异象植株的长势情况。先看虫子，后看植物，因为虫子在有人员走动的情况下会迁飞，不利于准确发现和数量统计，而植物是不会移动位置的，植株的表现也不会再短时间内有很大的变化；先上后下，就是先看植株各方面的长势情况，包括茎、叶、花、果等，后看土壤和根系。

观察要求：观察要细、准、勤；尤其是生产技术较弱的农户。观察要全面。要看发生的是点、是片还是面？注意观察周围生产环境。另外，一定要有对照物（正常植株）。

4. 对动物观察的内容

先看群体状态，再看个体情况。

外观：皮毛、精神、可视粘膜、呼吸、心跳、粪便、尿液。

环境：温湿度、光照、空气。

管理：用药、饲料（询问）、密度。

行为：饮水、采食、行走状态、叫声。

检测：体温。

例如，对鱼的观察需要注意体液、鳞片、鳃、水环境、用药记录、周边流行病害记录、投入品（药、饲料、水）等。

5. 对人的行为的观察

每个人都有一双眼睛，但是用眼睛做好观察是一件不容易的事情。观察不仅是生理的反应，同时也是心理的反应。做好观察需要观察人员有经验，有一定的专业技术水平，知道正常和异常的区别。用观察的方法，看到的是什么？现象、表象、症状。症状要通过分析，才能找到引起问题的真正原因，才能确诊，找到解决办法。

（1）创造一个良好的观察环境

在什么情况下观察，直接影响到观察效果和观察内容。这个环境包括观察者的环境和被观察对象的环境。观察者的环境是指以什么心态进行观察？作为教师，需要与培训对象保持平等，而不能居高临下，盛气凌人；做农技推广者，一定要放低心态，与接受推广者亲和。总之，要放下自己的心态，创造别人自由发挥的心态（对象的心态）；对人的观察，心态的正常与否直接影响到观察者的视角、理解和被观察者的神情表现。对人的观察，观察者不能带任何先见、偏见，要成为一张白纸，观察者要创造一个环境使观察者与观察客体的心态环境尽量接近。这个环境，是需要观察者创造出来的，这个环境创造好了，才观察到人真实的信息。观察植物、动物也需要选择合适的环境，否则观察不到真实的现象。

（2）确定观察的范围与重点

当人是我们的观察对象时，我们观察的的重点是动作、表情和交流语气及反应，而不是观察他的身高、容貌。我们观察的重点应该是眼睛，因为眼睛是心灵交流的窗口，语言的交流、情感的交流，75% 是来自非语言信息，如表情、肢体语言，只有 25% 才是声音和文字语言。为什么有的人讲话不吸引人，重要原因之一就是因为你不会用眼。盲人演讲家比正常人遇到的困难更大，因为他无法用眼睛来吸引听众，来表达出他自我的人格魅力。当动植物或其他事物作为我们的观察对象时，也要确定观察的重点，如观察作物时你的重点是长势长相，而不需要观察叶片的纤毛、气孔的大小，等等。观察者需要清楚地知道哪些是主要观察的东西，要有重点，不需要看其他的小动作，要看被观察者的反应，是惊喜、疑问、还是呆滞？要会看人。做农业推广人员要善于观察人，要学会看眼睛、看脸。例如，观察两个学员的差异。如果侧重考察两个个体体力活动的能力，就采用表面现象观察，第一是年龄，第二是男女，第三是健康状态。如果是选择驾驶员，就要做实际驾驶过程的观察。如果选培训辅导员，可能要观察穿着打扮，观察表情，是放松还是很紧张。做辅导员，一定要观察是否有人挑战？是善意的还是恶意的？善意的挑战一定要回应。挑刺的挑战，就要转移目标，找一个和他观点相反的人，让他们之间的观点相互碰撞。辅导员要时刻保持中立，不要参与到矛盾中。

（3）选择合适的观察方法

观察方法直接影响到观察结果，包括观察的态度。观察方法有很多种，抽象的符号语言、丰富的情感语言都要运用。观察不是被动过程，不是单向过程，观察者和被观察者彼此相互给予很多信息，你的信息给他的时候，就影响他的表达，包括他的声音，此时无声胜有声。作为事物的观察，要注意先后次序、确保取样方法科学、取样量足够。

（4）确定观察的参照体系

参照系很重要，做技术的也要选好参照体系。观察，就是观察差异，这个差异有可能是好的，也有可能是差的，有要学习的，有要汲取的经验教训。在培训中参照体系是辅导员希望学员达到什么水平，是你对学员的期待，参照体系的建立要合理。不同观察人的参照体系标准会有差异，这与观察者这方面的素质有关，因此，同样的观察对象在不同的观察者眼中会有不同深度的问题发现。

观察不仅需要眼睛看，更需要思考。农业推广人员要放下架子，平和心态，为农民创造一个好的表达环境。推广重要的对象是人，技术仅仅是一个手段，是用来开发人的智力，提高能力的一个手段，是我们推广的一个介质。

（二）访谈法

访谈是调查者与调查对象之间通过提问、回答和讨论的形式面对面直接的交流来进行的信息收集方式。

1. 访谈的类别

访谈可分为三类：结构化访谈、半结构化访谈和非结构化访谈。

（1）结构化访谈

结构化访谈是指访谈之前将所要提出的每个问题计划好，采访时将对这些问题的回答记录下来。通常要求被采访者谈他个人及其工作的基本情况数字，及对一些简单问题回答"是"或"不是"。

结构化访谈的优点：①易于数量化和定性类信息的收集；②对问题的解答容易比较；③很容易得出统计结论。

结构化访谈的缺点：①所提的问题可能被不同的采访对象曲解；②因为采访中没有必要的解释和讨论，往往不能记录下被采访者回答的理由；③采访对象也可能只按照采访者问题思路回答问题而放弃其真实思想。

（2）半结构化访谈

半结构化访谈是仅计划出采访的问题领域，对有针对性的、关键性的问题进行具体准备。在采访中将这些问题作为题目提出来进行讨论。这样使被采访者有机会表达和解释自己的感觉和意见，能够在特定采访范围和内容里实现信息收集的目的。半结构化访谈包括个别农户访谈、知情人访谈和焦点小组访谈等。

（3）非结构化访谈

这种采访是在不设定问题框架的前提下让被采访人员自由谈论其工作和任务，从中得到相应信息的调查方法。这是了解被采访人员思想的最理想形式。采访者的主要作用就是给被采访者最大机会来自由发表意见。当然同时也应注意引导，使讨论与调查内容的总体范围相一致。

采访者在非结构化访谈之后应立即写出讨论情况，以便使所谈及的各个方面的问题能够得到全面记录。

在进行培训需求分析时提倡使用半结构化访谈或非结构化访谈的形式，因为这样便于与被访问者进行交流。

上述3类采访在实践中往往相互交叉融合，甚至一起运用在某一次访谈中。

2. 访谈时应遵循的原则

为了保证访谈结果准确且具有说服力，访谈者应遵循以下原则：

（1）要提前通知被采访者，说明来访的目的，还应该说明为什么需要他参与以及他发表意见的方式。

（2）选择合适的采访地点，根据采访内容的不同可确定在被采访者工作地点或远离其工作地点的地方采访。前者可使采访者对被采访者的工作环境和工作情况等加强了解，后者可使被采访者自由发表意见而不至于受到其他因素干扰。

（3）避免采访中提出诱导性问题，即暗示自己答案的问题。

（4）在半结构化和非结构化采访中应从一般问题开始谈起，再进入具体或敏感问题的讨论。

（5）建立采访者与被采访者在采访期间的亲切信任关系，因为这种关系可以决定被采访人的意见和愿望的表述程度。

（6）注意对采访过程进行控制。除去非结构性采访外，采访者应谨慎而周密地引导采访活动向预期的方向发展，同时注意适时结束采访。

（7）进行全面和及时的记录、整理和分析。

另外，需要指出的是，关于采访对象的选择一定要做到客观、全面。有时候，当采访农业技术员时一切都没有问题，技术人员认为自己做得特别好，在技术咨询以及提供的服务方面非常出色。如果结束采访，所得到的结论可能是不需要任何培训，但是，如果继续采访农民，农民可能会反映一大堆问题，这些问题往往反映在技术人员的工作中。这说明有时技术人员对所存在的问题并没有意识到或者不愿意暴露问题。因此，在进行培训需求分析的时候，不要仅凭被采访者的回答就轻易下结论，不要问诸如这类的问题："你有什么培训需求？"，要善于提问，善于访谈，善于分析和总结。

3.**访谈对象**

访谈对象可分为村干部访谈、典型农户访谈和农民小组访谈。

村干部访谈可以了解村里的整体情况，在进行参与式村级规划预调查时是一个重要环节。村干部调查力求对村委会的全体成员都能够有进行座谈的机会。可以在一起，也可以分别进行。

在小组访谈的基础上对农户进行随机抽样，选择比较有代表性的农户进一步核实讨论会上农民的一些意见，为培训需求分析做准备。在农户访问上也可以有意识地对不同农户开展访谈，例如性别、文化程度和贫富经济状况等不同农户，这样访谈结果会更客观，更有针对性和可操作性。

有些地方称为院坝会，即将挨在一起居住的几家农户临时组成一个讨论小组，一般 10 个人左右。可以是男女农民分开，也可以混合，在附近的院落里开展培训需求分析研讨会。这个会需要应用可视化的方法，便于信息透明和农民参与。一般用大白纸和记号笔。会议有主持人主持。将大白纸帖在墙上，将农民发表的意见写在上面。字要写得足以使农民能看见。

（三）头脑风暴法

头脑风暴是一种鼓励参与者在无约束的情况下针对某个问题充分发表自己观点和意见的方法。在小组研讨时，主持人提出题目，大家就此题目在不与其他人进行任何讨论的情况下发表自己的见解（例如给出某个概念或定义）。由于大家发言的先后顺序可能影响小组中其他人的主观看法或产生群体压力的效果，因此人们往往将自己的见解写在各自卡片上，以此达到收集各种不同意见的目的。意见收集后，主持人与参与者一起将卡片进行分类。如果有必要分别加以讨论后集体得出相对共识的结论。

1. 头脑风暴的特征

（1）完全非正规的形式。

（2）使参与者在不受干扰的情况下对某一问题发表意见。

（3）使参与者对一个问题发现多种选择性解释或结论。

（4）为参与者提供了最大创造性思维机会。

（5）适于构建小组规范以及一些不便于直言讨论的问题。

2. 头脑风暴方法的作用

（1）最大限度地发挥参与者的创造性。

（2）全面地看待事物，多角度地观察问题。

（3）建立相互尊重而和谐的小组气氛。

3. 头脑风暴方法的具体应用

（1）相信所讨论的问题存在多种解决途径。

（2）决定讨论问题的时间限制。

（3）组织安排的气氛有利于自由发表意见。

4. 头脑风暴方法的应用范围

（1）小组成员由相对成熟的个体构成，有畅所欲言的气氛。

（2）可以相互接受对方不同意见。

（3）小组成员的地位被认为是平等的，发言的重要性不因社会地位不同而不同。

（4）小组讨论的参与者以 10 ～ 15 人为宜。

（5）时间充足。

5. 头脑风暴方法的步骤

头脑风暴要求全部参与者都可以将自己的想法，意见充分地贡献出来。通常的程序（图 4-1）是：

（1）参会的每一个人明确要讨论的问题是什么。

（2）每个人表达自己的意见（可以讲述，最好在不讨论的情况下将自己意见写在卡片上）。

（3）记录所有意见或收集卡片并公开展示。

（4）主持人用可视化的方法与参与者一起将意见整理和分类。

（5）讨论并选择可行的方案；如果没有则进行第六步。

（6）最后得到大多数参与者或所有参与者一致同意的结论。

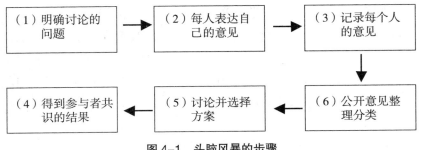

图 4-1　头脑风暴的步骤

6. 应用头脑风暴的原则

运用头脑风暴时，不能违反两个原则：

（1）每个人可以毫无顾忌的说出最直觉的想法。

（2）每个参与者的意见都应该得到尊重，每一个想法都有可能引导出新的解决方案。

（四）问卷法

问卷是调查者对于大规模样本量进行信息收集的一种手段。一般是由调查者首先花一些时间对问卷进行设计，然后将设计好的问卷邮寄给被调查对象，希望被调查者认真填好问卷中的每一个问题之后再寄回调查者。

调查者接到寄回的问卷之后进行必要的统计整理，得出一些必要信息，有助于相关方案的制定。

1. 设计问卷的步骤

（1）决定你想了解什么。

（2）选择问的回答方式（如描述、打钩、或填写重要性先后顺序1、2、3、4、5）。

（3）确定调查对象的背景。

（4）写出需要回答的问题。

（5）对问卷进行前测试。

2. 问卷的问题形式

问卷中的问题一般分为两种形式："封闭式的"或控制答案型；"开放式的"或自由解释答案型。封闭式的问题一般要求回答是或不是，通常是限于核实事实性质的。例如，"牛的散养要比栓养好，你认为对吗？"。这就是说如果由一组人来回答的话，所得到的答案很容易加以比较，统计结论就能够从答案中得出。可是，它缺乏灵活性，回答者有可能误解和误答。

封闭式问题最好用于获取那些对目前情况而言反应基本事实的信息。

开放式问题一般不能通过是或不是来回答,往往需要被调查者进行一些阐述。例如,"你认为在养猪技术上存在哪些问题?"。因此,开放式问卷最好用于获取被调查者容易解释或描述的事件。因为每个回答者可能回答方式不同,这种问卷最好限制需要深入解释的问题数量,否则整理归纳起来将是很困难的。

在问卷中决定使用哪种问题或问题的多少主要取决于内容的需要以及对调查对象的熟悉程度。

3. 问卷调查的优缺点

（1）问卷调查的优点

①虽然在设计问卷时需要较长时间,但一经设计完毕,便可以在短时间内进行大量信息收集,而且比较经济;②如果问卷设计得好,问题前后一致,分析起来便比较容易;③因为被调查对象可以不署名,所以所做的回答可以做到相对公正可靠。

（2）问卷调查的缺点

①取样困难,因为调查不可能涉及每一个人,必须要取样,但要选取具有代表性的样本比较困难;②问卷发出后收集率比较低,一般只有40%～50%的回收率;③不同的人对同样的问题往往有不同的理解和反应,在这种情况下,又不能与调查者进行交流,因此容易出现一些误解;④问题常常需要观点的表达而不是事实的陈述,所以对一些问题所收集的数据资料往往还需要进一步证实。

4. 采用问卷调查需要遵循的原则

（1）准确确定人口数量。

（2）尽可能选择有代表性的样本。

（3）在设计问卷之前应该明确调查目标。

（4）向被调查者解释清楚调查的目的和意义。

（5）将每一个问题阐述清楚,包括为什么要问这类问题,应该怎样报告这类信息等。

（6）提出的问题前后具逻辑化。

（7）避免导向性的问题。

（8）避免将问题描述得模棱两可。

（9）问卷在大批量下发前，最好在小范围样本内测试应用一下。

（10）如果邮寄的话，应该附信并为对方预付寄回的邮费。

需要经过培训并富有经验的人进行问卷的整理；在统计报告结果时要具有统计说理性；在表示众多数据时应尽可能用图示和表格。

5. 使用问卷的注意点

（1）准备好预先拟好的问卷。

（2）入户问卷面对面调查。由村干部带领，调查小组分别1～2人一组展开农户调查。

（3）调查对象最好是户主或是主要在家庭中从事农业生产劳动的人。

（4）问卷填写提倡问答式，但要注意沟通技巧。

（5）问卷调查可以在家里，也可以在地里。

（6）如果可能，也可以请被访者到村学校或村委会一起填写问卷。但是，如果这样做，要有意识地安排农户走访观察活动和生产现状观察活动。

（7）每个问卷调查的时间最好不超过1小时。

二、分析问题的方法

（一）问题根源分析方法

将问题按其根源进行分类，为什么发生这些问题，看他缺乏哪些东西，是缺乏信息（这里的信息等同于知识），还是不会做，还是他不愿意做？因此将问题分成三大类：信息类、技能类、态度类。一般来说，信息指导技能、技能影响态度。

1. 信息类问题

通常信息类的问题也被称作知识类的问题。也就是说，所发现的问题属于缺乏某些方面的知识或信息。

（1）信息类问题的表现

①缺乏全新的信息（接受者根本就不知道、也从未听说过的信息）；②具有错误的信息（接受者原来曾经听说过、或者见过甚至实践过，但是对此信息了解和掌握得不够全面或者不够准确甚至是错误的信息）。

（2）解决信息缺乏的的方法：解决农民缺乏信息的方法是要传递新的信息给农民。在提供新的信息时，需要注意：

①新颖：对你的听众来说，应该感觉是新的信息；②逻辑：如何将所要传播的内容变成新的信息、在逻辑方法和框架上创新，让其听得津津有味；③方法：选择使用的传递方法要合适，才能吸引信息接收者，有利于提高接受者的兴趣及信息的传递效率；④联系：联系指结合点。你所讲的，和他有什么关系，跟他利益相关吗？跟他的利益有冲突关系吗？如果没有，这个信息对他来说是无效信息。

（3）解决错误信息的方法

①补充不完善的信息；②对由于错误信息导致的案例开展讨论分析；③应用改正的信息指导实践，确保更正的信息被培训者真正接受。

2. 技能类问题

技能类问题是指在信息的指导下，表达或应用这些信息的能力。技能类的问题是指所发现推广对象的问题是与这个人缺乏某些方面的技能有关的问题。

（1）技能类的问题的表现

①不具备相关技能；②有参照的技能；③错误的技能。

（2）解决技能类问题的方法

信息评估：检查指导技能的信息是否具备？是否正确？是否完善？如果符合任何一种类型，可以应用相关的信息类问题的解决方法解决；

不具备相关技能：被培训者完全没有相关技能，需要编制详细的操作指南，开展操作练习，使接受技能者掌握新的技能；

有参照的技能：有参照的技能可以借鉴，可以通过信息方法使这两种技能的应用产生紧密的联系，然后，开展操作实践，让参与者熟练掌握这种技能；

错误的技能：对原来错误的技能，需要先检查指导该技能的信息是否有误，如果有误，则需要重新编写操作指南；如果没有，则需要注意操作环节，发现错误的关键点进行纠正。

3. 态度类问题

态度是对事物看法，这种看法又叫世界观、价值观。态度往往与利益有关。另外，态度与决策相关。我该做什么？我该接受还是不接受？是人心里的东西。态度类的问题是指所发现推广对象的问题与这个人的态度有关的问题。

（1）态度类问题的表现

①利益问题（包括个人利益、群体利益、社会利益）；②信息冲突或不完善。

（2）解决态度类问题的方法

①开展观摩和案例分析，引起接受培训者的思考和重视；②信息冲突或不完善。解决方法主要是完善信息和建立信息的逻辑联系；③个人利益与群体或社会利益冲突。解决个人利益与社会利益冲突有两种方法：一是对于损人利己型。当遇到个人得利但危害社区群体或公众利益的情况下，可以制订乡规民约产生道德约束或通过制度与法律来约束，从而使其改变态度。如果利己而对社会大群体利益造成损害的，需要先宣传，并制订制度政策，防止该类行为发生；二是对于损己利人型。只有自己做了某件事情，公众才能获益，而自己在本事情中，需要付出太多代价，而自己觉得得不偿失，而导致当事人的态度不对。在这种情况下，对当事人要有补偿。

（二）问题解决途径分析方法

按解决问题的途径对问题进行分类，可以将问题分为四类：①少数农民可以解决的问题；②农业推广人员（农业技术人员）可以解决的问题；③农业专家可以解决的问题；④目前还不能解决的问题。

　　针对上述四类问题，从信息（知识）、经验和技能特长来考虑，农业技术人员比农民知识水平较高，但技能（实践经验）有可能不足。因此，需要按照信息类或知识类缺乏还是技能类或实践经验缺乏来对问题进行分类，从而找到合适的人解决相应的问题。

　　凡属于实践技能缺乏所导致的问题应该鼓励农民自己解决；凡属于缺乏知识或信息所导致的问题应该留给推广人员和研究人员帮助解决。换言之，偏重知识少、技能多的一类问题，农民自己可以靠自己的经验解决；偏重知识多、技能多的问题，推广人员解决起来有优势；偏重知识多、技能少的一类问题，农业技术应用专家解决起来更有优势；知识少、技能也少的一类问题，也就是理论上和实践上都没有答案的一类问题应该是研究人员需要努力解决的问题。见图4-2。

　　其中，从③→②，是进行推广性研究；从②→①，即农技员—农户，通过示范推广；①是通过少数农户向多数农户辐射推广。

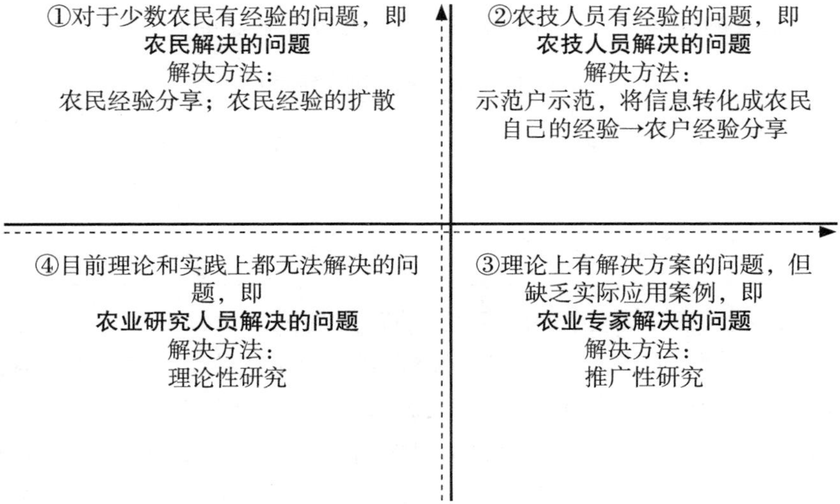

①对于少数农民有经验的问题，即
农民解决的问题
解决方法：
农民经验分享；农民经验的扩散

②农技人员有经验的问题，即
农技人员解决的问题
解决方法：
示范户示范，将信息转化成农民
自己的经验→农户经验分享

④目前理论和实践上都无法解决的问
题，即
农业研究人员解决的问题
解决方法：
理论性研究

③理论上有解决方案的问题，但
缺乏实际应用案例，即
农业专家解决的问题
解决方法：
推广性研究

图4-2　问题解决途径分析

　　一般而言，科研单位有很强的信息，但是要使这些信息转换成实际操作的技能，就要通过推广型研究进行转换；研究出来的技术通过转换，形成技术专家应用型经验；推广人员要想将已知的信息和技术向农户方向转移，就必须通过示范形成农户的经验；农户技能很强，但缺少理论知识，推广人员需要将少数农户的经验进行总结归纳，形成一般指导性经验与规律和一套操作技术体系，再向大多数农户推广。较好的技术推广效果是农户对农户的有效扩散，最后反映为比较高的有效采纳率。

（三）问题因果关系分析方法

1. 问题收集分析表

农业推广人员对农民问题的分析最好是与农民一起采取参与式小组工作用可视化的方法进行。问题收集分析表是作者按照参与式的原则，根据多年与农民沟通的实际经验总结出来的与农民直接进行交流的一种工具，目前已经被广泛应用于参与式需求调研和农民田间学校的培训中。问题收集分析表中所涉及的内容涵盖了问题的原因分析、影响分析和目前对农民对问题的认识和实践解决的效果以及农民认为解决他们发现的问题所需要的外部支持。问题收集分析表的格式见表 4-1。

表 4-1　问题收集分析（样表）

问题	症状	原因	影响	措施	效果	困难	需要的支持

对问题收集分析表中的内容格式的解释如下：

（1）问题：向农户提问，记录农户在农业生产的某个具体领域存在的问题，或填写根据使用卡片法的头脑风暴所得到的问题。

（2）症状：这是小组中的农民观察到的问题的表现，推广人员需要在大白纸上如实记录，即使有错误也不纠正。但是它会给你一个提示，农户针对这一问题，理解上有误，可能会是将来培训需要注意的内容。

（3）原因：向农民提问：为什么会发生这个问题。将农民的回答记录下来。

（4）影响：问农民这个问题如果没有得到解决，按照他们的经验，会造成什么结果或者影响。

（5）措施：询问参加小组讨论的农民有没有试图解决这个问题，过去曾经采取过哪些措施去解决这个问题。

（6）效果：当发现有人采取过什么措施后，接着追问由于采取了这个措施有什么效果？

（7）困难：目前解决这个问题存在哪些困难？

（8）需要的支持：解决这个问题需要哪些方面的外界支持，越具体越好。在讨论中注意尽量避免仅仅表达缺钱，应该提出具体解决问题的想法和要求。

应用问题收集分析表的目的、工具、具体步骤和注意事项如下：

（1）目的

①通过讨论，澄清人们所关心的主要问题；②通过分析，对问题、原因和影响达成共识；③为进一步应用问题树的因果关系分析奠定基础。

（2）工具与材料

大纸、彩色记号笔、胶带、胶水、图钉等。

（3）步骤

①邀请不超过 10 ～ 15 名当地人参加小组讨论；②在大纸的上方写明某县某乡镇某村农民小组访谈问题收集分析表、小组名称、地点和日期；③说明意图、做法；④采用头脑风暴方法在所确定的讨论题目下找出主要问题；⑤将问题列入表中的问题一栏；⑥将该问题的表现症状写在描述一栏中；⑦找出问题的原因；⑧分析核心问题带来的后果 / 负面影响，写在影响一栏中；⑨在措施一栏内写出目前小组成员认为可以解决用于解决该问题的措施或方法；⑩如果有人已经采用了上述措施，将效果写在效果栏内；⑪在需要支持一栏内写明如果解决该问题所需要的支持（包括机构、服务等）。

（4）注意事项

①主持人在主持讨论过程中亲自用记号笔记录农户的意见；②描述

参与式农业推广工作方法

是对问题的症状的表述，是为了确定问题而写的内容；③在讨论结束时可以按问题的重要性或解决的紧迫程度排序。

2. 问题树分析方法

问题树分析方法是在问题收集分析表的基础上进行进一步分析整理后的结果。问题树分析的案例见图 4-3、图 4-4。

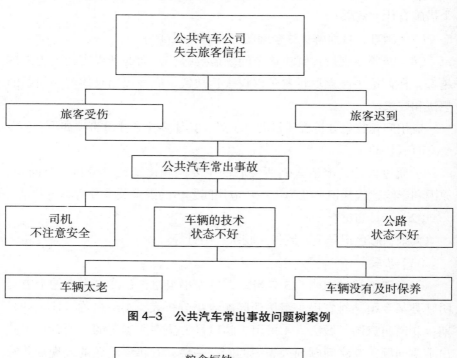

图 4-3　公共汽车常出事故问题树案例

图 4-4　粮食短缺问题树案例

132

问题树分析方法的操作步骤和注意事项见本书"参与式农业推广分析方法"一章中的"因果关系分析"。

3. 打分排序

打分排序经常被用来在应用参与式方法的小组讨论中对多个问题和解决方法确定优先序。具体操作步骤和注意事项见本书"参与式农业推广分析方法"一章。

4. 优劣势分析

优劣势分析也是对存在问题开展参与式分析的工具之一。具体操作步骤和注意事项见本书"参与式农业推广分析方法"一章。

三、解决问题的方法

推广人员不可能做到什么都懂、什么都会，但我们必须学习和掌握不同问题的解决途径和方法。解决问题要采取就近原则，即小问题不出村、大问题的解决首先是考虑乡镇和本区县的相关农业生产技术人员，最后才是考虑动用相关的专家。这样的选择原则主要考虑的是解决问题的成本、速度和质量。

作为基层推广人员，更多的是我们要搭建好一个解决问题的平台，充分利用好周围有各种生产经验的农民，调动他们的积极性，利用他们来帮助我们解决和服务村里其他的农户。另外，基层推广人员应该建立更加广泛的技术人员和专家信息库，加强与各位专家的联系与沟通，与专家建立良好的关系，为专家创造更多的实践机会和搭建技术推广的平台，在村民有生产技术问题时可以得到相关专家的及时指导，有效地解决问题，帮助农民把生产损失降到最低。

（一）问题解决循环

问题解决循环是对一般问题解决规律和步骤的描述。根据人们的实践总结，有很多种问题解决步骤被总结出来，这些步骤对于快速理性地解决问题有很大参考价值。问题解决循环可以有助于提高有效解决问题的技能。

1. 四步问题解决法

问题解决可以分为四步，也称为四步问题解决法。见图 4-5。

图 4-5　四步问题解决法

如图 4-5 所示，四步问题解决法指当我们遇到问题的时候，需要考虑四个关键环节去加以解决。这四个环节是：①明确存在什么问题；②分析问题发生的原因；③根据所分析的原因，努力想办法解决这些问题；④评价问题解决后的效果。

第一步：发现问题。推广人员通过比较原来设定的目标和当前的问题来发现计划（理想）和现实之间的不同。问自己到底出现了什么问题？

第二步：分析问题。用调查数据说明问题发生的原因。也可以用提出假设和验证假设的实证研究方法的模式对问题进行分析。可以提出以下问题：为什么没有实现预想目标？有什么阻碍因素影响农民的想法和做法？

第三步：制定计划。通过小组工作方法确立要实现的目标，根据目标制定可操作的工作计划。在这一步结束之后，明确我们将要做些什么。

第四步：评价效果。通过阶段性监测的来得数据评价所制定计划的实施效果。计划实施进度的监测数据应该能够直接反映相关目标和技能设计落实情况。对解决问题的团队可能提出的问题是：计划落实得怎么样？如果不好或不理想，怎样才能修正原有计划？

2. 四步解决问题法

一般来说，问题解决往往需要靠集体的智慧。另一个四步解决问题法的表述如图 4-6 所示，是指当一个人遇到问题的时候，要与大家讨论，征求大家的意见，寻求最佳的解决方案的过程。其中，需要准确地发现和判断问题，制定切实可行的计划、认真实施这个计划并做出对结果的评价。

界定问题
有什么问题？为什么发生这些问题？

评估
检查计划实施的效果

制定计划
如何解决这些问题？

实施计划
落实干预措施

图 4-6　四步解决问题法

3. 七步问题解决法

问题解决的实施步骤可以分为七步，如图 4-7 所示。

第一步：发现问题。作为一个推广人员，首先你需要善于发现问题，确定存在什么问题并准确命名。如果自己不确定，可以与农民一起讨论。

第二步：分析问题。当地确定存在的问题之后，你需要从不同的角度去分析问题。你可以对自己提问以下问题：①这个问题对我有什么影响？②这个问题对别人有什么影响？③谁曾有过类似的问题发生？④他

135

们是怎样应对的？

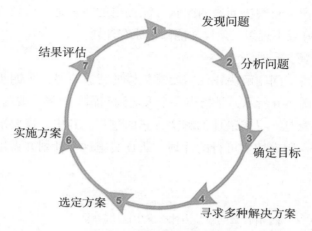

图4-7 七步问题解决循环

第三步：确定目标。当对问题进行多角度分析之后，你可以确定你的目标。你想获得什么理想结果？有时候由于这些问题，可能使你忘记你想达到的目标。你可能有如下目标：①增加农民收入；②提高个人推广技能；③尽可能好的完成上级交给我的任务；④尽快完成工作任务。如果你的目标是提高农民收入，那么，这个目标会使你考虑很多不同的农事活动或增收途径。

第四步：寻求多种解决方案。当明确目标之后需要寻找多种解决问题的途径。事情往往是这样的，你找到对问题的解决途径越实际，越可能发现有效的途径。你可以用头脑风暴的方法尽可能多地收集不同解决问题的想法和建议。在应用头脑风暴工具来收集问题的的时候，当事人不要考虑某条建议是否有用，是否可操作，是否可实施的问题，只是想起来什么写什么。经验表明，最好的解决方法很可能从这些建议中产生出来。

第五步：选定方案。在众多建议中需要选择和确定与实际情况相关的最可能应用的解决方案。你可以预想每个建议如果被采纳之后的可能的结果，也可以与别人分享那个讨论，听取别人是怎么想的，从而选择并确定最佳方案。

第六步：实施方案。当确定最佳方案之后就要着手进行落实。这时候可能需要考虑如何去做，例如用多长时间？需要哪些资源？为了做好这项工作，是否需要有一些激励措施出台，等等。

第七步：结果评估。即使你采用了最佳方案，也不见得会取得最理想的结果。因此，认真对结果的有效性进行评价是非常重要的。在评价结果时，可以提出以下问题：①这个方案是否有效？②是否达到了预期目标或理想的效果？③在特定的具体情况下解决问题的过程中都发生了些什么？当你发现效果很好，达到了预期目标，那么，你就获得了解决问题的经验。如果经过评价你发现没有达到预期效果，你可以在从第一步开始重新进行这个循环。

4.问题解决过程分析法

一些专家对问题解决的思维逻辑见图4-8。首先需要确定他们到底想要什么，在哪里最有可能找到这些想要的东西，怎样才有可能发现这些想要的。然后在采取了一步措施后考虑清楚下一步要做什么。他们总是在考虑他们想要什么的这个"大圈"和分析他们已经发现的那个"小圈"，通过对问题的界定、验证、分析和对比来寻求答案，进行不断的循环。

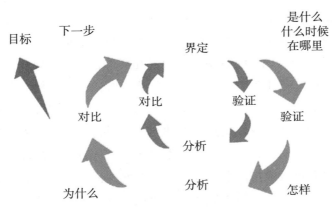

图4-8　问题解决过程分析法

图 4-8 说明，问题解决从界定问题开始。一个实际的解决问题的过程不仅如图表示的从内向外的发展程序，也还可能应用很多种方法才能真正得到答案。无论如何，解决问题的过程是一个确定问题和找到理想解决方法的过程。

（二）自己能解决的问题

如果农民的问题我们自己能够解决的话，要考虑采取什么样的方法，能让农户容易接受、能够记住、可以实践、效果明显。

如果这个问题村里还有其他农民也能解决，如果推广人员在村里有一定的影响力，建议可以采取小范围人员参加的经验分享或者现场观摩的方法来解决，这样可以给有经验的农民一次展示自己的机会，不但发现了在生产某方面的示范户，还为示范户的培养和展示创造了机会，不但不会影响自己在农户中的形象，反而会得到更多人的认可和拥护。

如果这个问题在村里没有其他农民能解决，我们要分析此问题的性质。信息类的问题可以通过全村相关人员参加的讲座、观摩的方法来解决。技能类的问题可以采取演示、示范的方法，通过手把手地教，并创造练习的机会，以提高村民实际解决问题的能力。

如果是态度类的问题，主要分两种：一种是只涉及个体利益的，最有效的办法是带着相关农民到生产管理比较好的地方观摩学习，并请当地相关人员介绍相关的生产管理经验以及产量效益情况，这样有利于引起大家的关注和重视，同时要组织大家开展讨论，分析问题产生的原因和影响，讨论如果正确管理需要投入的成本和效益，这样有利于态度类问题的有效解决。第二种是涉及群体利益的问题，这类问题有三种类型：①损人利己型。比如我们是蔬菜专业村，只要村里有一个人使用高毒农药，很有可能我们全村的蔬菜都卖不出去了，而且，一旦因此引起了社会关注，很有可能该村的蔬菜在相当长的时间内都不会再有市场，这样全村人的收益都会受到极大影响。对于这样的问题可以通过建立道德压力，用群体的道德压力迫使他改变态度；②损己利人型。比如某个养殖专业村，突然有一户养鸡专业户发现得了禽流感，这时我们给他讲明国家的相关政策、惩罚办法，要及时向有关部门报告，其结果肯定是把得病的鸡先杀掉，同时全村及周边地区采取统一防治，这种情况下，政府是有补偿的，因为杀鸡的农户首先受到了损失，但保护了其他养殖户的利益；③不损己、但利人的问题，比如，某个村有几个老菜农，生产水平较高，但相对技术比较保守，可是根据国家或地方政策，该村近年来要大力发展蔬菜产业，因为蔬菜生产技术比较复杂，难度大，尤其是育苗难，很多老百姓没有信心能搞好生产，这样就会影响政策的落实，为此，我们需要这些老菜农能够帮助大家进行生产，同时也不让他们白干活，我们可以首先引导他帮助大家集中进行蔬菜育苗，同时告知新菜农育苗技术的复杂性以及优质苗对于生产的重要性，为了保证生产效益，这样新菜农会主动购买成苗，育苗的老菜农因为本村供苗，相对减少了运输成本和不确定性成本，可以在一定的盈利范围内用相对便宜的价格把蔬菜苗卖给本村新菜农，大家同时都有利，而且老菜农也可以在较短的时间内得到其他农户的敬重，提高了他们的满足感，为下一步生产方面的指导打开了一扇大门，对该村蔬菜产业的发展会起到极大的促进作用。

　　推广人员自己解决问题需要注意的是一定要选择那些条件与本地相似的地方的成功经验推荐给本地农民，千万不能在没有进行试验示范的情况下直接采用外面的研究成果，否则容易导致成果的水土不服，造成很大损失。

（三）自己不能解决的问题

1. 农民能解决的问题

　　如果村民生产中的问题我们全科农技员自己不会怎么办？不用着急，先要好好分析一下，看村里是否有其他村民会，如果有村民能过解决的话，看看有几个人会？谁做得最好？谁的沟通表达能力强？谁表现欲望高？谁比较好说话，愿意帮助别人，等等。在综合考虑这些方面的前提下，选择 1 ～ 2 个有经验的农民，提前与他沟通好，说明村里的生产技术问题，请求他们帮助解决，并与他共同选择解决的方法并制定解决方案。解决这类的问题一般可以采用小范围相关人员参加的经验分享或者现场观摩或者入户一对一的指导方法来解决。在活动现场，不要忘记当着大家的面感谢帮助我们的有经验的农户，这样有利于提高他的荣誉感。

2. 技术人员能解决的问题

如果农民生产的技术问题不但我们全科农技员自己不会、村里也没人会，这时我们要求助乡镇和本区县的相关技术人员，或者其他全科农技员。首先我们要对该问题的发生情况做到心中有数，比如发生的时间、规模、田间症状、对生产的影响、农民自己已经采取的措施及效果等，只有这样，我们才能在第一时间准确地进行求助，就要向发生火灾求助一样，我们不能只是打个电话告诉说我们这里着火了就行了，我们一定要告知火灾发生的具体地点、火灾的类型以及发生的规模及环境、可能涉及到的人财物等，这样消防队员才能准确的制定救火计划并有效地实施。

在联系好技术人员的基础上，我们要提前与他们进行沟通，确定解决问题的方法和途径，比如现场指导、集中讲座、观摩学习等，要根据不同的方法提前做好培训准备，包括培训现场（要典型）、参加培训的人员、培训的时间与地点、培训的组织等。

3. 专家能解决的问题

如果我们发现的问题周边的农业技术人员也不能有效解决的话，我们可以通过上级技术主管部门帮助联系相关技术专家，也可以从自己的专家库中联系到相关的技术专家，向专家准确的汇报问题发生的基本情况，求助专家帮助解决。这一类的问题有可能解决起来比较复杂，因此，一定要提前沟通并确定问题的解决方案，比如试验、观摩、讲座、演示等方法，要提前准备好培训现场并做好培训的一切组织工作。

同时，每个问题在培训活动后，最好能及时了解大家的解决情况，并把实施效果向有关专家或帮助我们解决问题的有经验的农户进行反馈。

第二节
基本推广方法

一、个别指导法

（一）一般农户访问

1. 基本概念

农户访问是指推广人员亲自走访社区内目标群体中的每个农户，收集信息，了解情况，与农民一起讨论、分析和解决问题的过程。通过农户访问，推广人员可以熟悉推广对象及其家庭情况、了解农户生计状况及相互之间的差异、建立友好关系、了解农民的需要、跟踪推广结果、调整推广计划和方法、帮助农民解决实际问题，特别是解决个别农民的特殊问题尤为有效。

2. 农户访问程序

农业推广人员开展农户访问的程序如下：

（1）农户访问前的准备

①明确访问目的。在访问之前，推广人员需要明确访问的目的是收集信息、了解情况、改善关系还是开展需求分析或是问题分析；②选择访谈对象；③事先了解被访问者的基本情况。基本情况包括姓名、性别、性格、社会地位、生产经验、家庭情况以及对新事物的态度等等。预先了解得越多，访问越主动；④制定访问计划。事先根据内容，确定少量的访谈的对象，并约定好访谈的时间；⑤准备调查问卷或访谈提纲；⑥确定访问的对象和时间。注意选择与访问目的相关的农民。选择方便农户符合农民习惯的时间，例如农闲还是农忙、白天还是晚上等；⑦回顾以前访问的笔记和相关资料；⑧决定最佳交往方式。

（2）农户访问过程

①要准时；②根据当地习惯友好地与农民打招呼；③简要介绍访谈的目的和内容，并征求被访谈者的意见、理解和同意；④从农民熟悉的事情谈起。态度和蔼，尽量创造轻松的交谈气氛；⑤尽可能进行半结构式访谈。让农民提出问题，与农民讨论或示范解决的方法；⑥使用提问式的总结；⑦做好访问记录；⑧总结访问内容。在结束访谈前，需对所有的问题进行一次快速的检查；⑨与访谈对象进行回顾和总结并做必要的补充；⑩对访谈者不能回答的问题，请他（她）提供另外的访谈对象；⑪表示感谢。

3. 农户访问的后续工作

（1）将访问结果保存入档。

（2）处理访问过程中需要马上解决的问题并及时反馈。

（3）制定下一次访问的计划。

4. 农户访问注意事项

（1）调查问卷设计要简明、容易填写。

（2）提问方式不要引起被访对象的反感。

（3）在讨论过程中保持对问题的敏感性。

（二）主要知情人访谈

1. 基本概念

一般来讲，主要知情人指社区内对某些专题比较熟悉，有较多的相关知识的人。他们可能是领导，也可能是一般群众。作为半结构访谈之一的主要知情人访谈具有半结构访谈的基本特点，要求访谈者具备相关主题或领域的基本知识和一定的实践经验。

知情人访谈与一般农户访谈的最主要区别在于访谈对象比较明确，访谈目的也比较清楚。

2. 知情人访谈目的

（1）在了解一般信息的基础上，深入了解某个专题或某领域的具体信息。

（2）对某些问题进行进一步分析并提出相关的建议。

3. 工具与材料

笔记本、笔、访谈提纲。

4. 知情人访谈注意事项

（1）要注意与农民保持平等关系，不要俯视被访问对象。

（2）要尊重农民的风俗习惯，服从农民的风俗习惯。

（3）使用农民熟悉的语言包括非语言动作；虚心、诚恳、耐心地听取农民的意见和要求。

（4）尽量避免访谈过程及结果被访谈对象的主观偏见所误导（样本量小导致访谈易受影响）。

（5）尽量控制访谈不要离题太远。

（6）要注意了解被访谈者的个人经历和知识背景，这有助于分析获得的信息。

（7）主要知情人访谈也可以两个调查人员参加，一个人提问，另一个人记录。

（三）接待来访

接待来访指推广人员在办公室接受农民的访问，实际是解答农民提出的具体问题，或向农民提供技术信息、技术资料的过程。基层推广人员的办公室一般应设在乡政府或村子里交通比较方便的地方，这样便于农民来访。推广人员应该有固定的办公时间，应该有定期的接待农民日，并且向广大农民公告。办公时间应该从农民角度考虑，比如，农民一般早上赶集较早，这样最好办公室的上班时间要提早。在办公室门前需挂一本登记簿，若推广人员不在，可让其留下姓名与所提的问题，以便推广人员以后与来访者联系。

（四）电话咨询

利用电话进行技术咨询，是一种及时、快速、高效率的沟通方式。

现在随着电话在我国农村地区的逐步普及，电话咨询开始应用得越来越多，不少农业推广机构设立了农业咨询专用电话号码。在许多情况下，电话咨询往往与后续的农户访问方法结合应用效果更好。电话咨询对农民比较方便，但由于使用电话，不能面对面沟通，因此咨询质量受到限制。

（五）示范户选择与培养

1. 示范户的标准

一般来说，示范户应具备以下几个方面的特征：①具有一定的农业生产规模；②有农业生产经验，技术好；③具有承担一定风险的能力；④乐于接受新鲜事物；⑤在农民中有威信和影响力；⑥较好的沟通能力并乐于助人；⑦有兴趣，愿意干。

2. 发现示范户

示范户一定是农户中比较有代表性的优秀农户。在入户调查中可以有意识的注意哪些农户具有示范户的特征。例如，在了解农户基本情况的基础上，根据生产过程管理、产量和技术实施情况，根据对数据的统计、分析，将所调查的农户就可以进行分类，将技术好的、收入高的几个农户分出来，可以作为进一步考察某一类示范户候选人的代表。当发现了示范户候选人后，根据情况，可以向上级主管部门推荐示范户，也可以作为选择示范户的重要资源。

3. 选择示范户

在选择示范户时应该考虑以下几个方面：

（1）示范户的代表性。确定示范户在目标群体中的代表性和影响范围是一个很重要的问题。不要企图某个示范户可以代表所有农民，某个示范户只能代表一部分与其条件相似的农户或农民。这个理念称为"示范农户的有限代表性"。示范农户的有限代表性提示农业推广人员应该在社区中有针对性的选择多种合适的示范户。

（2）示范户的影响面。确定示范户在有限范围内的影响力，这样一且示范成功，通过示范户来宣传该技术的优越性，有利于农民仿效。

（3）示范户的能力。示范户在农业推广人员的指导下，有能力完成该技术生产的整个过程。在有选择的情况下应选择具有一定文化水平和农业生产经验并具有一定的经济和物质基础的农户。

选择示范户的注意事项：

（1）避免任人唯亲。

（2）示范户要有技术针对性。根据不同的目标和不同技术要求，应该选择不同的示范户。

（3）示范户要有农户指向性。不要寄希望于一个示范户或一类示范户能够完成对所有农户、所有技术的示范任务。

4. 培养与使用示范户

在实际推广工作中，培养与使用示范户是很重要的一项推广方法。培养示范户更多地指推广人员对所选择的示范户开展的培训、考察、观摩等活动以及在试验示范活动中的指导和帮助；使用示范户是指为了实现特定的推广目标，示范户按照推广人员的意图所开展的试验示范活动。

培养与使用示范户需要注意如下几点：

（1）明确示范户基本职责。

（2）明确责、权、利。

（3）认真落实示范方案。

（4）认真做好试验管理和记录。

（5）欢迎其他农民观摩学习等。

（六）骨干农户培养

在培养示范户的基础上开展骨干农户的培养是为了完善技术推广中的示范机制，探索一种农民教农民和农民之间相互学习的推广方式，使示范户农民真正能够发挥示范效果，创新并完善技术推广模式，提高技术推广效率。

1. 基本概念

骨干农户是示范户的一种，但与一般示范户不同。一般示范户的主要任务是证明某种技术的可行性，从而引起其他农户的兴趣，达到技术扩散效果。而骨干农户的作用是在社区内农民实际生产活动和农业新技术引入和推广创新中的带头人和组织者。骨干农户是农户，但在农户中相当于农民技术员的角色。

骨干农户是示范户中的优秀农户。骨干农户的培养是培育农民合作社的前提或关键环节。

2. 骨干农户的任务

（1）技术示范：同一般示范户一样开展技术示范活动。

（2）健全日志：要求骨干农户对自己的工作及时记录，建立日志，以便总结经验。

（3）田间记录检查交流：发给被帮带户田间记录本，督导这些农户及时准确完整地填写田间记录，并组织交流，生长季结束后一周内收齐全部被帮带农户的田间记录。

（4）咨询指导：通过组织农户间交流的方式，随时发现并帮助被帮带农户解决生产过程中遇到的技术问题。自己不能解决的，及时上报相关部门寻求帮助。

（5）完成相关项目活动：配合并组织上级要求的参观、考察、培训、调查、评估等活动。

3. 骨干农户选定标准

（1）骨干农户应该选择示范户中的优秀分子。

（2）重点要选拔影响带动其他农户能力强的示范户。

（3）具有一定的组织能力和指导能力。

4. 骨干户选定程序

（1）根据农户名单，采取等间距抽样方法确定参加讨论的农户代表。

（2）召开农民小组座谈会（男农民和女农民各一组，每组7～9人），讨论改善农业技术推广效率的对策（不必向农民明确是选举骨干农户的会议）。

（3）在讨论技术问题的基础上，要求参加者每个人提出在本村内或本社（组）内自己心目中技术好，威信高的农民候选人（如果不能提出或勉强提出，可以决定不在本村产生，但不需要通知农民）。

（4）对所提出的候选人进行无记名投票。

（5）以少数服从多数的原则确定骨干农户，一般应该有50%以上的支持率。

（6）根据被选定者的态度决定当选人。

5. 推广人员对骨干农户的培养方法

（1）观察、了解、总结农民习惯性的学习行为。

（2）观察、了解、总结农民习惯性的沟通方法。

（3）与骨干农户一起制定工作计划。

（4）鼓励和帮助骨干农户主动实施工作计划。

（5）定期与骨干农户讨论和总结在工作中出现的困难和问题。

（6）根据发现的问题对骨干农户有针对性地进行培训。

（7）组织骨干农户经验交流会。

（8）总结先进骨干农户的经验。

（9）表彰先进骨干农户。

（10）号召骨干农户学习先进骨干农户的经验基础上进行结合本地实际的创新。

（11）将骨干农户的工作列入推广人员开展推广工作的重要内容。

（12）在骨干农户的基础上探索成立农民学习小组的经验。

（13）在农民小组经验的基础上探索成立农民专业经济合作组织的经验。

（14）将农民专业经济合作组织的协助与管理作为技术推广工作的一个重要方法。

6. 对骨干农户的管理方法

（1）基本待遇：为了便于管理，在某项技术推广过程中，根据需要无偿为骨干农户提供推广示范需要的部分农用物资。原则上不给每个骨干农户发工资。

（2）帮带农户规模：一般来说，一个骨干农户的农民代表规定的帮带周边农户范围在 20 ~ 30 户为宜。

（3）合同动态管理：与骨干农户签定聘任合同，分阶段实施。合同期限以作物一个生长季为单元（养殖业可以年为单位）。如果在合同期间不能完成所规定的任务，农民反映不好，可终止聘用合同。

（4）制定实施计划：以作物一个生长季为单元（养殖业可以年为单位）制订实施计划。

（5）定期督导：县项目办每半月对骨干农户活动进行一次督导，及时纠正发现的问题，保证其按方案要求工作，发挥效能。

（6）评价方法：一个实施阶段结束，农业推广人员召集全体被帮带农户，通过问卷调查和座谈，评价骨干农户的作用发挥和实施效果。

（7）奖励办法：评价结束后对有突出成绩的骨干农户给予相应的奖励，奖励形式包括提供培训机会、参观考察机会、对优秀者在一个生长季后给予一定数额现金或农用物资的实物奖励。

（8）专家指导：在骨干农户的培养过程中要求推广专家定期进行技术指导，骨干农户可以随时通过电话向其咨询技术问题。专家指导包括审查实施方案，提供全过程监督和指导，试点活动结束后进行评价，总结试点活动经验和教训，提出将来推广的意见和建议。

二、集体指导法

集体指导法是指推广人员在同一时间同一地点对具有相同或类似特征（相同需求、相同问题）的一组推广对象进行指导和传播信息的农业推广工作方法。

（一）村民大会

村民大会也称村民动员大会，是开展农村社区动员的一种形式。村民大会是指由推广人员召开的所有村民（以自然村或行政村为单位）参加的以宣传为主要目标的全体会议。在联产承包责任制之前，我国农村干部经常使用这种方法向村民宣传贯彻上级指示精神。村民大会的主要目标是宣传和介绍新技术、新思想和新方法，使农民意识到并产生兴趣。一般来说，村民大会要求至少每个农户有 1～2 名代表参加。根据具体条件，有些地区可以在大众传播的基础上进行，有些不具备大众传播条件的贫困地区可以通过村民大会起到大众传播的作用。召开村民大会需要注意的是在介绍会议内容时尽可能采用可视性方法。

村民大会的程序如下：

（1）会议准备

会议准备需要做的工作包括：①制定会议计划；②确定会议目标、内容、时间、地点、参加人数等；③通知每个农户。通过村民小组长通知到农户或采取其他方式；④准备足够的宣传材料。

（2）会议过程

会议过程包括：①准时开会；②感谢与会人员参加；③介绍参加会议的主要领导和相关人员；④介绍会议目的和日程；⑤介绍会议主题和内容；⑥鼓励提问并回答问题；⑦总结会议要点；⑧展示并发放宣传资料；⑨感谢。

（3）后续工作

后续工作包括：①召开分专题小组会议讨论会议内容；②如果有条件，利用大众传媒宣传已经召开的会议；③落实会议决议。

（二）村民小组会议

村民小组会议是由两个以上的成员组成的小组就共同关心的问题发表意见达成共识的过程，是通过集思广益以寻找解决问题方案的一种方法。小组会议的程序如下：

（1）确定讨论的主题。

（2）确定讨论的参加者、时间和讨论的地点。

（3）确定参加讨论的人选，一般小组讨论的适宜人数在 6～15 人，最多不应超过 20 人。

（4）选定小组长、记录员。

（5）明确讨论的主题及其含义。

（6）在主持人的主持下小组成员自由发言。

（7）总结讨论结果。

（三）专题小组交流

专题小组交流是用半结构的方式由一组选定的参与者（男农民、女农民、干部、教师、儿童等）对某些特定的题目进行讨论交流的一种形式。专题小组通常由 6～8 人组成，是小组成员通过相互交流、深入讨论后达成共识的过程。专题小组交流的主要步骤与主要知情人访谈是相似的。只是在内容上，专题小组交流更强调特定主题。

专题小组交流可按两种形式操作。一种是访谈，另一种是研讨。访谈是以访谈提纲为基础在访谈者与访谈对象之间开展的对话过程；研讨是以主持人的主持为特征在小组中开展的讨论过程。

1. 目的

（1）在了解一般信息的基础上，深入了解某个专题或某领域的具体信息。

（2）对某些问题进行进一步分析并提出相关的建议。

（3）在有限时间内针对特定的主题获取广泛的反馈。

2. 工具与材料

大纸、记号笔、胶带、图钉、访谈提纲。

3. 访谈步骤

（1）访谈者事先准备好访谈提纲。

（2）选择或用村民大会的方式确定访谈对象、时间与地点。

（3）简要介绍访谈的目的和内容，并征求被访谈者的意见、理解和同意。

（4）访谈中要求有两个调查人员同时参加，一个人提问，另一个人记录或帮助写卡片。

（5）按照半结构式访谈的方式展开讨论。

（6）结束时小组成员进行回顾和总结。

4. 研讨步骤

（1）事先准备好研讨题目或者问题。

（2）由主持人选择确定访谈对象、讨论的时间与地点。

（3）事先通知到选定的参与者。

（4）主持人自我介绍后，简要介绍研讨的目的和内容，并征求参与者的意见、理解和同意。

（5）将大纸贴在墙上或铺在桌上，由主持人主持并将内容记录在大纸上。

（6）按照准备好的研讨题目展开研讨过程。

（7）结束时小组成员进行回顾和总结。

5. 注意事项

（1）访谈者或主持人要注意不要过多地用自己的观点去影响访谈对象的看法和理解。

（2）注意态度、语气和行为方式对整个讨论过程的影响。

（3）应尽量照顾到所有参与者，鼓励每个人发表观点。

（4）尽量对所讨论的内容达成共识。

（四）现场会

现场会是将已经成功的试验结果在现场展示给大家，并说明成功的原因和经验以及技术要点的过程。一般采取试验前和试验后对比的方法，使参加者很清楚地了解示范内容或某项技术的优越性。在某种技术的关键环节及时组织农民到现场参观，一般以现场会的形式来宣传示范的成功经验和效果，以鼓励、敦促农民仿效。

召开现场会的程序如下：

（1）制定现场会计划。

（2）确定现场会的时间和地点。

（3）确定并提前通知现场会的参加人员。

（4）欢迎大家的光临。

（5）分发预先打印好的简单说明材料。

（6）简单介绍示范内容。

（7）鼓励大家提出问题。

（8）解答大家提出的问题。

（9）感谢并总结。

（五）实地参观

实地参观是指推广人员组织农民小组到某一地点考察其本地所没有的农业技术措施或项目。参观的地点可以是一个农业试验站、一个农场、一个农户或是一个社区组织等。

组织农民到实地参观，可让农民到实地亲眼目睹一些新的技术措施；同时增加农民对该技术措施的感性认识，扩大视野。因此，实地参观是一种通过实例进行推广的好方法。组织实地参观需要注意安排适宜的交通工具并注意安全。另外，一般不要组织很多人到很远的地方进行实地参观活动，以减少组织成本。

在组织实地参观过程中，农业推广人员需要提醒参观者注意观察能力的培养，要努力通过听、看、想、说和做来收集准确信息。

三、大众传播法

大众传播法是指农业推广人员将有关农业信息通过大众传播媒介传递给农业推广对象的方法。大众传播法中的媒介指信息传递的载体、渠道、中介物、工具或技术手段。

（一）大众传播法分类

1. 按媒介作用于人的感官和信息的流向分类

（1）视觉媒介：如书籍、报纸、明白纸、黑板报、挂图、标本、幻灯、投影等。

（2）听觉媒介：如广播、录音。

（3）视、听觉媒介：如电影、电视等。

（4）交互媒介：如程序传播机、语音室、计算机网络等。

（5）综合媒介：如多媒介综合教室等。

2. 按媒介的物理性能分类

（1）印刷媒介：报纸、书籍、传单、小册子、明白纸等。

（2）光学投影媒介：如幻灯、投影、电影等软硬件。这类媒介主要通过光学投影，把较小的透明或不透明的传播软件投影到影幕上。呈现的传播信息是静止的与活动的图像。

（3）电声类媒介：如电唱机、收音机、录音机、语音实验室以及唱片、录音带等。传播信息以声音形式贮存与传播。

（4）电视类媒介：如电视机、录像机、影碟机以及同其配套的录像带、视盘等。传播信息以声音与图像形式传播。

（5）计算机类媒介：包括计算机及其相应的软件。从功能上分：又有计算机辅助传播系统、计算机网络和计算机管理传播系统。

（二）大众传播法的特点

1. 媒介传播

通过媒介进行信息传播是大众传播的最主要最突出的特点。

2. 公开性

由于媒介本身的特点，规定了传播信息内容的公开性。凡是通过媒介进行传送的信息，不存在保密的问题。受众人数越多，传播的面越广，表明传播得越成功。正因为公开性，所以推广人员不具备选择特定推广对象的主动权。

3. 平等性

信息共享本身可以使人与人之间地位不平等的差异性减少。从某种意义上说，大众传播可以使人与人之间的关系越来越趋于平等，公众的身份与地位得到提高。

4. 权威性

信息权威性的高低一般与信息的价值有关。除了与信息本身的价值高低有关外，还与信息发行机构的声望有关。如在报纸上或中央电视台和某个人发布同一信息，人们在心理上的接受程度是不一样的。同样的信息，由大众媒介传播，就比个人传播具有更高的权威性。

5. 范围广

接触大众传播媒介的听众或观众人数多，影响面就大。只要推广对象能够接触到大众传播，都能受到影响。例如，我国申办奥运会成功的消息能够同时被全世界的人得知。

6. 速度快

大众传播可以使很多人在同时一起得到相同的信息。现代媒介的最明显特征是快速。在当今世界，由于有了大众传播媒介，信息传递得如此之快，使得世界变成了一个小的地球村。

7. 成本低

印刷品可印刷若干份，广播稿件可播放多次。由于大众媒介传播速度快、范围广，尽管制作需要投入较多的资金，但如果按受众人数的平均费用计算，大众传播提供信息是最廉价的。

8. 单向传播

在一般情况下，大众传播只是单向的传播工具。无论听众、观众还是读者只是被动地接收信息。即使受者有反馈的机会，也往往要拖延一段时间才有可能。

9. 传者倾向性

传者在使用大众传播媒介发送的信息往往表达传者本身的意见，不可避免地带有特定传者的倾向性。因此，受者在接收大众传媒所发送的信息时往往需要对多种信源的信息加以比较才能作出判断。

10. 内容多面性

大众传播媒介有很多种，对有些媒介所发送的信息需要进行比较分析。例如，有一些假广告和宣传单，如果不加以甄别，往往会给农民带来很大的损失。

从事农业推广工作，要根据大众传播媒介的不同特点和农民采用新技术的不同时期，灵活选择合适的传播媒介，以提高农业推广的效果。

（三）大众传播的适用性

大众传播法适用于以下几种情况。

1. 广泛介绍农业新技术、新产品信息

通过介绍，使广大农民认识新事物的存在，并引起他们的注意。推广人员可通过报纸和广播报道一些重要的农业推广活动或与农业推广有关的各种信息。如在某种新技术最初引入到一个社区中的时候，属于农民采纳新技术的认识阶段，可利用广播、电视等媒介传播适合农民需要的科学技术新信息，以引起农民的注意和重视。

2. 在社区内传播具有普遍指导意义的相关信息

在条件较差的地区，推广人员可以利用黑板、墙报在社区内开展相关信息的传播。推广人员可以在人群密集的街道、农贸中心等地方挂一块黑板，利用文字或图表进行有关农业推广信息的传播。此外，也可利用黑板报刊登有关科普知识，如有关食品安全以及预防人畜传染病等方面的问题，效果很好。

3. 针对多数农民共同关心的问题提供咨询服务

推广人员可以结合农时发布农情和病虫害预测预报结果，并提出应采取的具体防范措施。有些地区的技术推广站往往将病虫害预测预报印成宣传单或"明白纸"通过学校要求小学生带给家长，然后念给家长听，达到普及科学知识、提高农民素质的目的。在有条件的地方可以通过电视、广播等方式编制节目、举办农业技术专题讲座等，扩大农业技术的传播效果。为了搞好品种推广，在农民采用前，农业推广人员可把技术示范的整个过程用录像把它记录下来，然后播放给农民看，这样可以使农民在较短的时间内亲眼目睹品种栽培的整个过程。也可以利用实物样

品、模型或照片图片开展推广活动。

4. 帮助农民将自己生产的产品推向市场

推广人员可以制作一些节目，发布当地市场信息，开拓产品营销渠道。在有条件的地方可以开展有线广播、利用互联网举办远程教育节目，通过互联网及时把新技术、新品种介绍给农民。农民可以通过浏览推广部门的网站及时得到所需要的信息，可以通过电子邮件与推广人员相互沟通等。虽然由于经济条件的限制，拥有电脑的农户还不多，但互联网以它的快捷、方便的信息传播方式越来越受到人们的喜爱，在农业推广中也越来越受到重视。

（四）大众传播的媒介

大众传播媒介有很多，它们各自有着特有的优越性和局限性。几种常见的大众传播媒介包括报纸、广播、电影、电视和计算机网络，每种媒介的优越性和局限性。

1. 报纸

（1）优越性

①信息量大、读者广泛而稳定；②流传迅速，反应及时；③容易给人留下明确、深刻的印象；④制作较为容易、灵活；⑤费用相对低廉；⑥发行量大、新闻性强；⑦读者自由选择性大、不受时间、地点的限制；⑧便于保存。

（2）局限性

①寿命短促；②内容庞杂。

2. 广播

（1）优越性

①传递信息迅速、及时，具有广泛性、普及性；②可传递的信息种类多；③独特的音响效应，具亲近感、生动性和现场感；④对受众来说，内容编排及收听的针对性、灵活性和适应性突出；⑤广告价格相对较低；

（2）局限性

①信息流失快；②威望程度较低；③对听众的调查统计困难。

3. 电影

（1）优越性

①银幕大，视俯宽，音响效果优良，色彩效果好；②放映不受时间限制；③表现深度强。

（2）局限性

①观众较少，信息量较低；②观看受时间、地点限制；③放映广告效果不好；④制作节目的周期长；⑤经费开支较大。

4. 电视

（1）优越性

①信息量大，速度快；②能够迅速、及时、真实、亲切地反映现实生活；③表现形式多样化、形象化。声色俱全，神情兼备；④受众广泛性，尤其对小群体影响大；⑤电视广告形象化，具真实感。

（2）局限性

①报道缺乏记录性、深度性、看时缺乏选择性；②制作节目时，表现的空间范围有限。

5. 网络

（1）优越性

①以电脑为主体，多媒体为辅助功能的信息互动传播；②信息量大，传播速度快；③信息种类多，可选择余地大；④声音图像逼真，对人有更直接更强烈地刺激力；⑤激发兴趣，满足人的需求方面更方便，更快捷；⑥强化个性，改变交往方式和工作生活方式；⑦扩展人们的交往空间，受众范围广泛。

（2）局限性

①传播环境混乱，信息缺乏必要的选择、过滤、把关和审核过程；②价格高，费用大；③要求使用者具有一定的知识和技能。

第三节
培训与辅导方法

农民培训是指农村成年人为了提高所从事职业的技能而进行的有组织的学习过程。通过这个学习过程学习者达到在知识、技能、态度和行为上的改变。这里所说的农民培训包括那些目前在农村从事农业生产的农民，也包括准备转移到城镇和非农产业的农民。他们之所以要接受培训，主要是获得从事农业生产的专业技能或者是为到城里就业掌握一技之长。从推广人员的角度来说，农民培训指推广人员对一组农民开展的时间在半天或一天的实用技术的培训活动。

一、农民培训概述

（一）农民培训的类型

农民培训的类型可以分为室内培训、现场培训和农民田间学校。

1. 室内培训

室内培训是指将一组有共同特征的农民组织起来在学校教室或一个便于集合的地方开展对农民的培训活动，一般最好有模型或挂图等实物标本给农民看。一般一次（可能半天时间）讲解一种技术为好，在培训过程中避免推广人员一次讲太多的内容，因为不利于农民掌握。另外，避免推广人员在讲课时照本宣科，影响培训效果。培训材料尽可能简单、易懂，以明白纸的形式最好，不要使用现成学校内给学生的教材。

2. 现场培训

现场培训是指推广人员在现场对农民小组进行技能训练的方法。在现场培训过程中，最好能让每个人都有机会操作，做到"边看边学，在做中学"。例如，果树修剪、棉花打顶等都可通过现场培训的方法将技术在短时间内传授给农民。现场培训以实际操作为主，首先进行示范演示。要选择一个合适的操作位置，推广人员首先严格按照技术规程操作，进行技术要点的示范。这个位置要让观众能看清示范的动作，在示范表演前示范者要介绍自己的姓名和所属的单位，并宣布示范的题目、该项新技术的重要性等。在示范时，示范操作要慢，最好边做边讲解；同时要注意语言尽量通俗、简明扼要。然后安排参与培训的农民自己操作练习，以便及时发现问题，保证他们即学即会。在培训结束时进行总结，对最关键的技术环节加以反复强调。

3. 农民田间学校（FFS）

农民田间学校是联合国粮农组织（FAO）倡导的、采用国际上先进的培训方式、面对农村劳动力的一种成人非正规教育，是在实际操作中对广大农民的农业生产技能和实用技术系统地进行培训的培训班。

主要特点：①培训方式科学，贴近农业生产；②培训内容实用，结合生产实际；③培训理念先进，社区发展加快；④培训影响深远，提高社会意识；⑤与农民保持良好的沟通，让农民主动参与。

（二）农民培训的模式

农民培训根据不同的目的可以分为多种模式。

图 4-9 显示一个国际扶贫项目开展以培训师培训为基础的参与式农民多样化创收培训模式。

从某种意义上说，培训是个人为提高本身素质而参加有组织的学习的过程。这里的素质指一个人具有的知识、技能水平和态度。所有这些决定着一个人的行为表现。因此，一个人的行为表现是其所具备的知识、技能和态度的集中体现。

例如，一个农民如果没有病虫害防治方面的知识，不具备如何使用农药或生物防治的操作技术，当遇到问题时就会觉得束手无策，一筹莫展或者滥用农药，使作物造成药害或人畜中毒事故，等等。所以，如果想了解一个人的知识和技能水平，一般常识上往往通过考试来判断。但是，考试对成年人来讲并不是一个很好的方法，人们不习惯也不喜欢。实践证明，也并不能反映一个人的真实水平。一个比较容易的办法是观察或考察一个人的工作绩效，这种工作绩效是一个人工作情况的反映，常常称为行为表现。例如，上述的这位农民，通过观察他的行为表现便可以知道他很有可能不具备病虫害防治和农药使用的知识和技能。

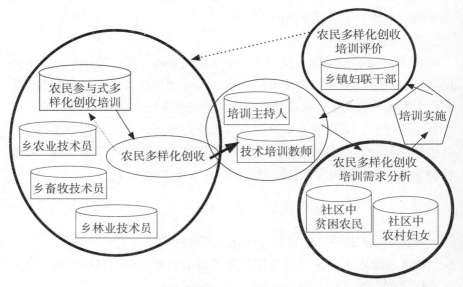

图 4-9　参与式农民多样化培训模式

有时候，一个人可以具备某些技能，但并不具备与这些技能相关的知识。例如，驾驶汽车，很多人只会开车，转动方向盘，踩离合器，油门和刹车板，但没有一点机械常识知识。但对于一般人来说，这就足够了。但是如果具备了机械常识并懂得发动机原理，在学会一点儿修理技术，就会处理一些常见故障。与仅会开车技能的人比较起来，这些人就更有能力胜任这项工作。如果一个人既具备技能，又有与技术相适应的相关知识，严格地说，这个人并不能保证具有竞争力的行为表现。因

为一个人的态度对于知识和技能的有效应用也起着很重要的作用（图
4-10）。开斗气车，闯红灯，酒后开车等，这些都不属于知识与技能的范
畴，而更多地是一个人态度的表现。从这个意义上说，知识、技能和态
度的综合，才是一个人的行为表现的反映。

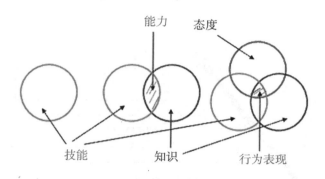

图 4-10　技能、能力和行为表现

二、农民培训需求分析方法

培训需求分析一般分为五个阶段：①培训问题分析；②培训对象分
析；③工作任务分析；④知识技能分析⑤培训间距分析。由于培训需求
分析的五个阶段是按实际操作顺序排列的，因此，也可以看作为培训需
求分析的五个基本阶段（图 4-1）。

（一）培训问题分析

如果要改变培训的盲目性，做到有计划的培训，培训者或培训管理
者就应该首先对组织内部所存在的问题、机会和潜力进行调查、识别和
分析。首先是对问题的开始意识和注意；然后鉴别问题的症状；接下来
分析造成症状的原因；最后确定问题并检测需求。问题分析的第二阶段
是要找出相应的解决办法。首先要找出多项可能的解决方案；接下来对
各种方案进行可行性评估，逐一分析它们各自对问题解决所能发挥作用

的程度，在此基础上选择出最佳方案。这是一个一般意义上发现问题、找出解决问题方法的一般程序。在问题分析结束以后，培训者和培训管理者就能够明确两类问题：一类是可以通过培训所能解决的问题；另一类是不能通过培训解决的问题。在明确这两类问题之后，将不能通过培训解决的问题交给领导另行考虑处理；将能够通过培训解决的问题留下，进行进一步的分析。

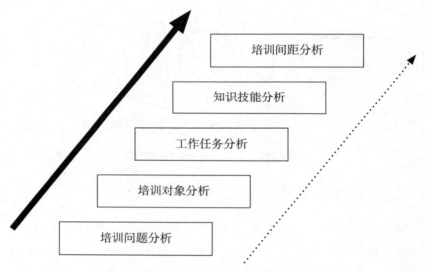

图 4-1   农民培训需求分析的 5 个基本阶段

例如，在一次实地调查研究中，技术员发现农民养猪的数量和出栏数很低。技术员首先注意到这是一个问题。为什么呢？因为猪的总头数和出栏数直接影响有机肥的供应量和农民的收入。在这里，技术员意识到这一问题；此问题的症状是农民养猪的总头数和出栏数。那么造成这种症状的原因是什么呢？通过对两个省的农户访谈发现，其中一个省的农民反映他们不懂得科学养猪的技术，所以出栏天数比别的地方总是要多一个月才能达到同样的重量；另外由于猪过肥，级别也上不去，因此农民觉得不划算。另一个省的情况相反，在科学养猪技术和瘦肉型猪的饲养技术上不存在问题，主要的问题是猪的价格太低，他们觉得养猪不如养牛划算。

通过对问题的分析，可以确定对于农民缺乏科学养猪技术的问题可以通过培训提高农民的知识和技能来加以解决；而对于市场价格问题就比较复杂，这里有当地市场供需调节的问题，也可能有政府政策的干预问题。对于市场问题，一般来说，通过培训农民是不能解决的问题。因此，作为培训者或培训管理者，通过培训可以直接发挥作用的是通过提高农民科学养猪的技术，从而提高农民的积极性来解决问题。而由于市场价格的降低影响农民养猪积极性的问题，通过培训来解决实际上无能为力，因此，最好的办法是将此问题反映给相关政府部门，希望通过政策调节或市场调查来解决。

（二）培训对象分析

培训问题确定之后，要开展对于培训对象的分析。培训对象的分析是要解决谁需要培训的问题。一般来说，进行农民培训，不是对所有的农民进行培训，所以要找准培训对象，做到培训对象的针对性。

对于培训对象，要进行细化和分割。从上述的案例中知道，培训对象是农民，是养猪的农民，是那些在当地缺乏科学养猪技术的农民。这时候所需要确定的问题是本地区有多少这类农民。如果是几户农民或几十户农民，通过直接培训的方式就可以顺利解决。但是，需要指出的是，这类农民的文化程度如何？他们对工作的熟练程度怎样？这些是对农民进一步分类的基础。如果农民的文化程度相差很多，最好将他们分成若干不同的小组进行培训。

如果此类农民的数量比较多，要提高农民的科学养猪技术就需要考虑当地的其他技术支持系统的作用问题。例如，当地农民的技术知识一般从哪里获得？是否有专业技术员来负责对农民的信息提供和技术咨询工作？农民为什么不能得到他们所需要的信息？调查之后发现如果没有技术人员来做这类工作，在考虑对农民进行培训的同时，应该向有关部门提出配备一定技术力量的建议；如果是当地技术员的知识水平不能满足农民需要的话，这是培训者和培训管理者需要考虑要进行培训者培训的问题；如果是有技术人员，但是由于不能满足基本的工作和生活条件和基本待遇或几个月发不出工资，因此不能使技术人员发挥应有作用的话，就不要考虑对技术人员进行培训的问题，因为这些问题是不能通过培训所能解决的。

（三）工作任务分析

任务分析是从一个人所要完成的工作任务入手来对培训需求进行分析的一种方法，可以有助于确定培训的重要领域和培训的内容。进行任务分析一般要从一个人的工作岗位描述开始。工作任务主要包括培训对象的工作、责任和任务。

任务分析的主要步骤是：①列出主要工作任务；②将任务分解；③确定各项任务的发生频率和重要性程度。

将以上的条目列成表格见表 4-2。

表 4-2　工作任务分析

任务名称：			
任务分解	发生频率	重要性	综合总结
1			
2			
3			

说明：（1）在发生频率一栏中，可以选择：①极少；②有时；③几天；④几个星期；⑤几个月。（2）在重要性一栏中，可以选择：①不重要；②不太重要；③非常重要。

任务分析可以用不同方法进行。例如，上述表格可以先交给培训调查对象自己填写，然后培训者和培训管理者进行访问核实；也可以在访谈中培训者或培训管理者与调查对象一起填写。具体到上述的科学养猪的培训事例来说，在任务名称中可以填写喂猪两个字。但是在任务分解中就要将喂猪的几个基本环节细化，例如，从大的方面可以分为猪舍的建设；品种选择；人工授精；饲料配比；饲喂方法；疾病防治等许多方面，每个方面都可以作为一个单项任务加以细化。然后根据经验写出发生频率和重要性的程度。

任务分解对于一个小农户来说，其重要性不如大的农场。因为小农户往往一个人什么都干了。而大的养猪场，由于规模大，可能要对人员进行专业分工，负责疾病防治的兽医大概不去负责饲喂，因此进行任务分析更有意义。

（四）知识技能分析

在进行任务分析的基础上要开展知识技能的分析。知识与技能的分析的目的是为确定具体的培训内容做准备。

具体步骤是：①列出主要细化任务的条目；②针对每项任务逐条列出完成此项任务应该具备的知识和技能标准。

例如，一个工作在蔬菜站的技术员的具体任务是蔬菜种子生产管理。在这一工作任务下，这个技术员所应该具备的知识和技能是什么呢？这些知识和技能可能包括：①鉴别不同蔬菜品种特征的知识；②种子质量检测的知识；③种子的生产、收获和储存方面的知识；④与菜农沟通的技能。

一般来说，完成某项任务所应该具备的知识和技能主要是通过查阅有关文献、与专家和领导座谈来确定的，这是衡量合格专业劳动者的业务标准。

推广人员认为可以，但农民有意见。

（五）培训间距分析

通过对培训对象的工作任务分析和知识技能分析，实际上已经了解了某乡工作任务的重要性和所要求的标准，在此基础上，所要做的工作还有两项：①培训对象实际掌握的知识与技能的程度；②在培训对象所在的群体中先进工作者的知识与技能水平。因为用标准的知识与技能减去实际的知识与技能就是知识与技能间距，这种间距可以直接翻译成培训间距。除此之外，还有另外一种培训间距，那就是先进工作者的知识与技能水平和一般工作者的知识和技能水平的差值，这是另一层次上的培训间距。在实际工作中，后者比前者更有实践操作意义。先进工作者水平和一般工作者水平一般需要培训者和培训管理者通过实际调查、观察、访问等方式来获得的。培训间距的分析步骤见表 4-3。

表 4-3　培训间距的分析步骤

步　　骤	说　　明
1. 列出应该包括在培训内容中的所有任务；	1. 从任务分析结果中列出相应的内容；
2. 确定完成任务所应该具备的标准（包括知识与技能标准）；	2. 确定完成任务所需要的条件、设备和知识与技能；
3. 先进工作者目前所具备的知识与技能水平；	3. 确定目前培训对象所在群体中的先进工作者水平；
4. 培训对象目前所具备的知识与技能水平；	4. 确定培训对象实际的状况和水平；
5. 确定间距；	5. 检查培训对象应该做到和实际做到之间的间距；
6. 确定所发现的间距是否是培训间距。	6. 不是所有发现的间距都可以通过培训得到弥补。如果发现不是通过培训所能解决的问题，没有必要浪费时间和资源。

　　将培训需求分析的五个步骤细化结果见图 4-2。培训需求分析的最终结果的表现形式是在明确知识与技能间距的基础上确定培训题目。

　　培训需求分析的最终结果的表现形式是在明确知识与技能间距的基础上确定培训题目。

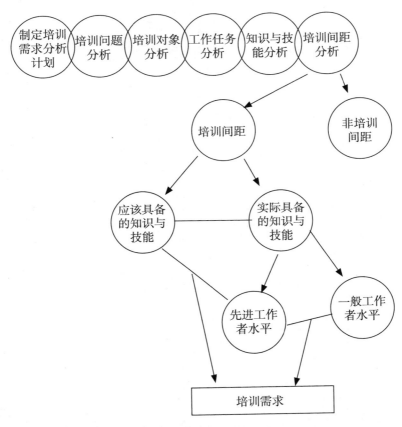

图 4-2　培训需求分析步骤

三、农民培训计划

一个完整的培训过程从开始至结束分为培训计划、培训实施和培训评价三个阶段。这三个阶段没有明显的分界线，是一个连续不断的循环过程。

为了清楚起见，将培训过程的步骤按纵向方式进行排列，可总结出培训的 10 级实施步骤，见图 4-3。

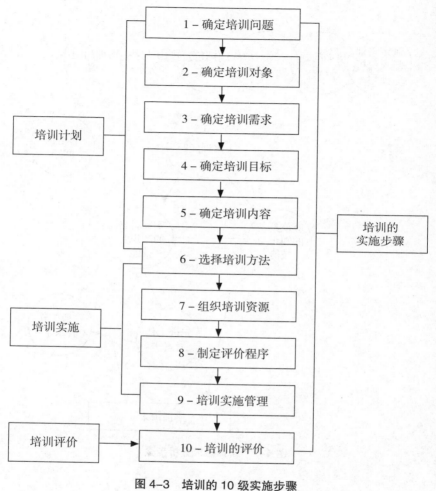

图 4-3　培训的 10 级实施步骤

（一）年度培训计划

年度培训计划指去年末或当年初制定的对一年的培训起指导作用的培训计划。制定年度培训计划需要按照培训需求分析的基本步骤进行。在农民培训需求评估和分析的基础上计划一年的培训活动，写出年度培训计划报告并列出年度培训计划表。年度培训计划一般要列出培训的月份、培训班名称等内容。开展村级培训需求分析以及培训和信息支持计划的制定方法的建议：

1. 村级培训计划步骤

（1）确定项目村（乡、村干部会；项目背景；优势产业区；传统技术集中区）。

（2）选定自然村（乡村干部会；有代表性；交通方便）。

（3）确定不同类型农户（农民代表会；贫富分类；性别分类）。

（4）问题与潜力分析（农民代表会；问题树和目标树）。

（5）确定需要培训的项目（农民代表会）。包括：①确定培训的领域（农业、非农产业）；②确定需要培训的创收活动（种植业、养殖业、非农产业）。

（6）确定培训的具体类别（例如种植业中是粮食作物还是经济作物；是蔬菜还是果树）。包括确定培训具体类别中的种类（例如粮食作物中是水稻还是玉米）和确定具体培训内容（水稻栽培还是病虫害防治）。

2. 乡级计划步骤

（1）相同类型的自然村计划合并。

（2）列出不同类型自然村计划。

（3）分类合并为行政村计划。

（4）将相同类型的行政村计划合并为乡级计划（机构与市场分析）。

（二）培训班计划

培训班计划是依据年度培训计划，适时开展培训间距分析的基础上制定的针对具体题目举办的培训班，这个计划主要体现培训目标、培训对象、培训内容、培训时间、培训地点、培训教师和培训课程安排。

制定培训班计划需要注意：

（1）以年度计划为指导，开展必要的知识与技能间距分析。

（2）培训对象要具体化，一般不提倡村里谁愿意来谁来的做法。

（3）培训教师一定要根据培训内容加以选择，专业技术员不等于合格的农民培训教师。

（4）培训内容不要过多，实践操作为主，理论讲授为辅。

（5）培训地点选择靠近农民或农户集中的地方，以室外为主，室内为辅。

（6）一般情况下，培训时间以不超过一天为宜。

（7）培训材料最好是 1～2 页的明白纸。

（三）农民培训方法设计

由于中国的农民数量大、覆盖面广、居住分散、素质偏低等特点，各地在开展农民培训中根据不同情况采取不同的培训方式。从习惯上分析，大部分农民培训都在用传统灌输式，以会代训式培训方法。在传统式培训中，受训者就是一张白纸，等待培训者去涂画。以会代训式虽然起到一些作用，但由于时间和环境问题，往往很容易使培训流于形式。

1. 农民培训的时间选择

农民培训时间选择应注意以下方面：

①对于种植业的农民来说，一般冬天比较闲，春夏秋天比较忙；②对于养殖业和加工业的农民来说，闲忙季节往往不明显；③一般农民从事农业生产活动的时间分配根据季节的变化而变化：夏天可能在早饭前下地；④冬天一般吃两餐；⑤农村妇女的时间一年中都很忙，除去农时要与丈夫一起从事农事活动以外，家务事和小型家庭养殖活动往往占去了大部分时间；⑥一天培训的有效时间往往是 4～5 个小时。

研究结果表明：农民培训一般都是专题培训，培训的时间一般以半天或一天为宜。

2. 农民培训地点的选择

农民培训的地点选择应该以实际、实用为原则，不要刻意追求课堂效果。应该尽量安排利于农民实地操作的地方，例如田间地头、猪圈牛棚果园等附近场所。

3. 农民培训人数的确定

农民培训的人数不是越多越好，培训的人数应该从效果出发来确定。农民培训应该针对专项技术确定目标群体，还应该考虑实际示范和操作的方便和指导的难易程度。因为培训不等于宣传，宣传的目标是所传达的信息被人知道，而培训的目标是所培训的技术要求被人理解和应用。因此，一般农民培训以 20～30 人为宜。一般来说，农民培训以技能培训为主，理论培训为辅。如果条件有限，可以不安排理论培训。

4. 农民培训方法比较

在农民培训中，要鼓励从做中学会做。研究结果表明：仅用耳朵听，人们可以记住 30%；用眼睛看和耳朵听，人们可以记住 60%；通过听、看和做人们可以记住 90%。因此，听到、谈到、看到的都不如自己亲自动手做过的事情印象深刻。所以，目前的农民科技培训更强调手把手、面对面，强调实践动手能力，见图 4-4。

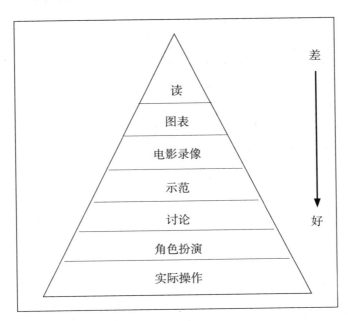

图 4-4　不同方法的学习效果

四、农民培训方法

（一）角色扮演

1. 角色扮演的概念

角色扮演是学员在培训过程中扮演假设或实际生活中人际关系的某些角色以表达某些概念或说明一些问题的培训技术。在培训过程中，少数受训者根据特定的背景以及如何组织和表现他们的角色的规定性信息来向其他的受训者展示一些特定情景。然后，学员对所扮演的角色以及所涉及的问题展开讨论。这样，无论是表演者还是观察者都能从中受到一些启发和教育。大多数人往往比较习惯于看电视剧、看话剧演出、回忆儿童时代的游戏等。这时候，人们只是作为一个观察者被动地了解剧中所表现的内容，但培训中如通过学员积极参与角色实际模拟，便可培养和启发他们的兴趣和情绪，提高他们分析和解决问题的能力。

2. 角色扮演的特征

（1）用"展示"的方法而不是"说教"的形式提高沟通效果。

（2）能创造轻松、灵活和随意的气氛。

（3）能展示一个供讨论的话题。

（4）为个人和小组创造一种参与的机会。

（5）表演者可借所扮演的角色表达自己的态度、感情和思想。

（6）计划相对容易一些，但表演好需要一定技能。

3. 角色扮演的作用

（1）改变态度。

（2）提高谈判技能。

（3）研究人际关系。

（4）发现问题，开拓思路。

（5）从干中学，从最后反馈中受益。

4. 角色扮演的应用范围

（1）小组讨论和问题分析。

（2）对严肃而敏感问题的自由表达和分析。

（3）对事不对人的讨论。

（4）用假设的情景模拟现实状况。

（5）表达不容易阐述清楚或不容易理解的问题。

（6）表达对同一问题的多种解决方法。

（7）换位思考。

（8）提供人与人相互理解的机会。

（9）沟通教学培训活动。

（10）缓解学习紧张气氛。

5. 角色扮演的两种形式

（1）自由化的角色扮演：根据所面临的任务或问题以及特定的题目，小组成员自由发挥来展示自己对情况分析的意见、想法、进行的步骤、所遇到的问题以及可能的结果（如制定访问农户的计划以及访谈技巧）。

（2）结构化的角色扮演：根据事先准备好的角色扮演指南，用卡片、录像等手段为学员提供背景材料、表演的角色、目的、方法等必要的信息，表演者再根据限定的条件进行表演。这是一种更实用、更普遍的方式。使用结构化的角色扮演方式需要表演者有充分的时间理解限定的条件和"剧情"以及进行必要的准备。

6. 角色扮演培训的步骤

（1）决定是否采用角色扮演根据角色扮演方法的特征和实际培训活动的需要，培训者确定应用或不应用角色扮演的方法。如果应用，要确定具体的目标、内容和时间。

（2）确定问题和表演情景对所要说明的问题要有一个明确的认识。同时，所设计的情景和所表达的内容要使观众易于理解。角色扮演的具体情景一般由培训者或学员小组来设计。设计剧情如同写剧本，是表演的基础。内容应做到切、简洁、有逻辑性。

（3）确定角色一般来说，参加角色扮演的角色不宜太多，最多不要超过 5 人。设计者要对每个角色的特征给予详细的描述和界定，根据现有人选和内容要求，选择适合的人选。角色扮演中的角色一般可以分为信息提供者、信息寻求者、介绍者、协调者、领导、被领导、攻击者、麻烦制造者、记录者、评价者、总结者等不同的角色。在确定人选时，应该遵循自愿的原则，不要强迫某个人去扮演他不想扮演的角色。挑选角色时也要尽可能做到知人善任。如果情景中的某个角色是反面角色，没有人喜欢去扮演，最好将此任务分给小组长去做。

（4）角色准备设计者将所设计的不同角色的说明分发给选定的角色扮演者并做一些相应的解释。如有可能，最好对角色进行限定范围的讨论。

（5）实际演出在充分准备的基础上，根据所选定的角色和所确定的内容进行实际表演。表演要注意时间的掌握。

（6）讨论和分析在表演结束后，培训者一般要请角色扮演者谈一些感想和体会，然后倾听一些非角色扮演者的意见。讨论时应避免仅对角色扮演的是否贴切进行评判。要抓住情景中所表现的问题进行剖析，不要忘记角色扮演的教育目的，要尽可能使小组一起努力根据情景中所展示的问题，找出解决方法或概括从中受到的收获和启发。

（7）角色替换如有必要，在角色扮演的分析结束以后，为强调某种概念或情况，可让角色扮演者改换上一次所扮演的角色再进行表演，或由学员中其他人再扮演某个角色。这种方式，可使问题得到充分的讨论，有利于学员更广泛地参与。

（二）小组讨论

1. 小组讨论的概念

小组讨论是小组成员（一般 5～20 人）为了解决某个问题面对面交换观点和意见的过程。像示范一样，这是教学培训中常用的方法之一。

小组讨论可以分为两种：一种是结构化的讨论；另一种是非正规化的讨论。结构化的讨论指培训者预先准备的、以某些书面材料为指导并写入课程计划之中的活动。在结构化的讨论中，一般根据预先计划好的方案将人们分成小组（分组方式可以点名、报数等形式）。培训者给出讨论题目，小组成员选出主席、记录员或秘书及观察者等角色后，由主席负责澄清讨论题目并主持讨论，然后进行小组间交流。如果有必要，培训者就讨论结果加以比较和总结。这是培训中常用的讨论形式。非正规化讨论指随机安排的小组成员间相互交流意见的形式。它与结构化讨论不同点是事先无准备，也没有写入课程计划中。一般指转换课程题目间的自由讨论。

2. 小组讨论的特征

（1）使小组成员得以最大程度地进行相互交流和相互鼓励。

（2）使小组中每位成员都参与讨论，准备自己的观点和意见。

（3）使全体成员有机会通过发言证明自己的能力。

（4）使全体成员有机会锻炼倾听、辩论、反映和表达能力。

3. 小组讨论的作用

（1）鉴别或寻求共同关心的问题。

（2）增加对共同关心的问题的意识、鉴别力和理解力。

（3）引起对意见、问题或观点的兴趣。

（4）提供知识和信息。

（5）鼓励小组工作，创造小组成员相互学习的气氛。

（6）使更多成员参与问题解决过程。

（7）使小组成员的想法具体化。

（8）形成小组共识。

（9）帮助小组成员在小组内表达自己的观点和意见。

（10）形成一种自然随意的小组气氛。

4. 小组讨论的应用范围

下列条件下小组讨论方法的应用才能取得应有的效果：

（1）当小组小到每个人都可以参与的时候。

（2）当小组成员对某些问题有很大的兴趣，并想通过参与来深入地了解或寻求解决方法的时候。

（3）当小组成员愿意倾听对某问题的各方面反应并达成共识、理解和设法解决此问题的时候。

（4）当部分成员愿意彼此沟通的时候。

（5）当小组成员的人际关系技能水平能够有助于开展很好的讨论的时候。

（6）当小组成员间有意见分歧和理解偏误的时候。

（7）当小组成员处于心平气和的心态的时候。

（8）当全体小组成员平等参与而不是以领导为中心的时候。

（9）当一些成员需要在小组中强化与小组的统一性的时候。

（10）当小组成员理解自己的角色的时候。

5. 小组讨论的具体应用

小组讨论中有不同的角色，如主席或小组长、小组成员、记录员、观察员以及咨询者（这里指培训教师），这些角色行为都有一定的准则。遵循这些准则，才能取得应有的效果。

小组讨论对不同角色的要求如下：

（1）小组应该做到：①明确讨论目标及应用的方法；②考虑达到目标的多种可能性；③确信有必要在小组中对某些意见、观点和问题展开讨论；④选举一位合格的主席，这位主席应该思维敏捷、逻辑清晰、提出恰当的问题，鼓励思考并善于总结；⑤选择合适的讨论场所；⑥安排好小组成员的座位以便小组成员之间可以面对面交流；⑦指定一位记录员；⑧每人有同样平等的参与机会，不应该有"演讲式"的发言；⑨鼓励幽默、轻松和善意的争辩；⑩准备相应的教学辅助设备和材料；⑪注意适当间歇，每10分钟或15分钟小结和最后总结；⑫保证讨论的公平和客观性，避免挑剔和偏激。

（2）小组长应该做到：①与小组成员一起明确问题和目标；②为完成目标建立必要的组织结构；③鼓励每个成员的参与，对观点有解释权；④遇到需要回答的问题时，将问题向小组全体成员提出，而不是自己回答；⑤在不干扰发言者观点的前提下提问和总结；⑥确信所讨论的内容涉及问题的各个方面；⑦善于帮助小组阐述正确观点和澄清事实，避免偏见；⑧不时要求记录员阐述讨论的进展；⑨建立并保持小组中一种非正规的、合作和宽容的气氛；⑩帮助记录者小结；⑪引导和保持正常积极的讨论；⑫提出建议而不是下指示；⑬鼓励并保持思想、观点的平等交流；⑭适当的幽默以活跃气氛；⑮将零散的、不规范的语言表述翻译成清晰规范的语句。

（3）一个优秀的小组成员应该做到：①如果可能，提前对讨论做准备；②积极发言，准备扮演任何需要的角色；③积极参与确定目标；④鼓励参与，帮助小组保持轻松随意气氛；⑤尊重别人，勇于承认错误；⑥在认真倾听和理解别人的观点的基础上积极发言；⑦发言有利于增进小组团结；⑧如有必要，勇于承担领导的责任；⑨接受小组得出的结论；⑩控制发言时间，不宜过长。

（4）一个优秀的记录员应该做到：①提前与小组长及有关人员商量，做充分的准备；②记录时注重讨论的含义，避免逐字记录；③注意讨论的事项和问题、小组达成共识的程度、所做的决定、少数人的重要观点。如有必要，要求澄清某些意见、决定等；④要求小组长征求小组意见，决定一些观点是否应该记录下来。确信所记录的协议、分歧或决定是小组讨论的结果；⑤当发现讨论偏离主题时提醒小组长注意，以帮助小组长使讨论正常进行；⑥讨论一段时间后，应小组长或小组成员的要求报告讨论的进展。在讨论结束时，将要点、协议、分歧和决定做一总结；⑦很好地与小组长、观察员和专家顾问们合作；⑧讨论结束后，尽快将讨论结果的记录进行编辑整理。

（5）一个优秀的观察员应该做到：①提出意见，报告发现；②与小组长等一起讨论各自的职责；③观察讨论中发生的情况并报告给小组；④客观地审视小组所使用的方法和实际讨论过程，提出如何改进的意见；⑤始终注意小组中的参与情况，帮助小组总结经验，提高小组工作水平；⑥向小组口头报告小组讨论的具体情况及小组决策的状况；⑦与小组一起进行总结评价，制定改进措施。

（6）专家顾问应该做到：①当小组需要时讲事实、提观点、谈经验；②与大家讨论谈意见，不做最后的观点总结；③当小组长或其他成员要求自己发表意见时要遵守一般成员应该遵守的规则；④发现问题时主动发言，使小组不至于偏离既定目标；⑤在结束时帮助小组总结讨论结果；⑥提出具体改进意见。

总之，小组讨论虽然是一种常用的方法，但使用的好坏会使效果差异很大。一个合格的培训者要善于运用这种方法进行培训活动。在讨论过程中，教师的角色相当于专家顾问的职责。

应用小组讨论方法需要注意的几点是：①在目标明确的前提下准备好所需的事实、信息和意见；②每个成员都不要吝啬地使用信息，积极发言；③对每个学员说来，倾听别人意见和观点是至关重要的；④讨论主持者要严格按照问题解决步骤进行有效的引导，尤其要避免小组中个别人控制讨论的局面。如前所述，小组讨论是利用学员经验相互学习的一种好的培训方式，它可分为培训者主持讨论和学员自己讨论，培训者充任专家或咨询者的身份。前面所述更多的指后者。

6. 小组讨论的准备

讨论的最大优点是能使所有学员有更多的参与学习的机会。在准备组织一次讨论时，培训者应做好周密计划，包括以下几项工作：

（1）明确讨论要达到的目标，即参加讨论后，学员应该会做哪些事。

（2）确定要讨论的问题，培训者应把要讨论的问题写在黑（白）板上，学生对这些问题要有一定的了解，以便讨论起来有话可说。在讨论后，培训者应相应地布置一定的作业，给学员进一步研究的机会。

（3）准备一个好的开场白，说明讨论的题目、范围、目的，并注意做到生动有趣。

（4）掌握好时间。

（5）准备一个总结。在讨论结束时，培训者应把重点进行归纳和总结，并留给学员一定的时间记录。

7. 主持人需要注意的方面

主持人在小组讨论中要注意以下方面：

（1）清楚地解释要讨论的问题，并把题目和问题写在黑（白）板上。

（2）引导讨论，实现讨论的目的。事先准备好要点和问题，如果学员的讨论偏离了方向，通过提问题使讨论回到正确的轨道。

（3）帮助学员清楚地表达其想法，澄清问题。

（4）记录重要的观点，把学员提出的重要观点在黑（白）板上按逻辑顺序记录下来。

（5）注意不要把自己的观点强加给学员，并避免和某个学员就一些问题争论起来。

（6）鼓励每人发言并注意总结。

（7）当讨论变得过分激烈时，培训者要进行适当干预。如建议休息，再改变讨论题目的侧重点。

（8）控制时间。

（9）把每人的观点集中，归纳、总结。

（10）参加讨论的人多时，需要将人员分组。先开展小组内部人员的讨论，再开展组间讨论，最后点评，形成整个群体的达成共识的意见。

（三）案例分析

1.案例分析的概念

案例分析是指在培训过程中将一个实际或模拟的案例提供给学员进行研究分析的一种培训方法。"案例"一词，往往使人联想到法律程序方面的"案件"，而作为一种培训方法，案例指在一定条件下发生的某一具体事例，如某个项目背景分析的报告就是一个案例。学员通过对特定案例的分析，找出问题，寻求解决问题的方法。案例分析方法常常作为一种补充的方法安排在讲座之后进行。当培训者对某个专业题目进行讲座之后，学员得到关于某方面的基本概念、原则等知识。根据学习的理论逻辑，下一步学员应该在理解上下工夫。为了使学员对知识加深理解，同时使学员的实际应用能力得到锻炼，培训者可将预先准备的某个案例提供给大家作为练习，让学员就案例中所涉及的情景进行分析。案例分析方法过去仅用于商业、医学、社会学和法律等学科中的实际情景、实际问题和决策上。目前，此方法作为一种培训手段已在更多的学科中得到了广泛的应用。

2. 案例分析的应用范围

（1）问题确定。

（2）寻求解决方案（决策）。

（3）吸取经验教训，防止某些问题的发生。

（4）开阔思路，寻找规律。

（5）检验并加深理解。

3. 案例分析的步骤

（1）案例的提出

案例的提出是案例分析最初的步骤，它有几种形式：①从现有材料中提取某部分（如项目管理报告）；②利用电影、电视、录像等提供的案例素材；③以上两者的结合（例如，放一段录像之后，发给学员有关录像的背景材料），培训者根据实际情况编写。

（2）反复阅读

因为在案例分析中所表现的问题往往是隐含的、间接的和非逻辑化的表述。学员需要通过认真阅读理解，找出哪些是问题，这些问题的优先序排列、哪些事实与问题有关等，然后才能找出相应的对策。

（3）小组讨论

每个人都要从案例材料中所提供的某方面情景或素材为依据来阐述自己的观点，提出案例的分析意见。争论是正常的，这有利于问题的澄清和分析水平的提高。

（4）小组交流

可以在更大的范围内讨论分析结果。在结束时可能有一种或几种结果或答案。这时，培训者不一定非要确认一种答案，实际上答案往往是多项的。

4. 案例的选择与编写

（1）选择案例

如果有比较多的案例提供培训者或辅导员进行案例分析，首先要选择合适的案例。合适的案例选择需要注意以下几点：①代表性。选择那些能反映实际问题和解决方案，结论要与讨论的主题有直接关系的案例；②警示性。选择那些对大家有警示意义的，可以汲取借鉴的案例；③参照性。尽可能选择参与者身边的或与自己的工作生活有关的案例。

（2）编写案例

如果没有合适供选择的案例可用，就需要培训者或辅导员自己编写案例。在编写案例的时候需要注意，案例是个小故事，主要故事情节要交代清楚，包括时间、人物、地点、过程、结果等。

一般来说，案例的编写可以分为三个步骤：①选择题目和问题：培训者应该对所传授的知识、学员的状况有深入的了解。所选择的题目和问题要贴切，最好从学员所熟悉的工作和生活环境中选择素材，以利于学员的分析理解；②观察和收集信息和数据：应根据所要达到的目标进行有关信息的收集和整理。不仅要收集主观认为有关的详细信息和数据，还应有意识地收集一些似乎无关的信息和数据；③编写案例。

编写内容的繁简与长短应根据目标确定，同时也要注意表达方式。在编写过程中一般遵循以下原则：①选题细。在编写前，审定编写的目的，然后将所收集的材料进行分类，搞清楚可说明几个问题。有时一个条件可以写几个不同的案例素材，彼此不要混淆；②入题快。在案例的开头几句话就应使学员进入情景中，然后根据所表述的情况和问题进行自我分析；③澄清事实及相关关系。在编写时，最好以实际情况为参照来编写具体情节。如果需要改变，一定要慎重处理所涉及的各要素之间的关系；④确认案例的价值。要时刻注意案例的适用性，有时需要对写好的案例进行小组讨论或预先测试，以决定是否应该再进行修改。

5. 案例分析方法的应用

（1）确定案例

在进行案例分析之前，辅导员需要确定案例分析所要使用的案例，最好根据需要，提前打印好。

（2）拟定讨论题目

在将准备好的案例分给学习小组讨论之前，需要提前拟定讨论题目。所提出的讨论题目最好不是表面的，而是需要思考才能得出的，特别是有不同观点冲突的结论或意见。

（3）划分小组

根据培训目标的需要，将学员分成不同的小组，并学出小组主持人或组长。有时也需要选出记录员或观察员等不同角色（参照小组讨论一节内容）。

（4）讲解讨论题目

辅导员要对讨论题目讲解清楚，有时也可用多媒体。需要强调的是，一定要将讨论题目写出来，做到可视化。

（5）小组学习和讨论

案例分析的过程可分为学习和讨论两个阶段。首先，小组内需要组织学习案例，要给每个成员自己学习、思考的时间，将案例的意思看明白，想清楚。然后，在大家自学的基础上按照辅导员所提出的讨论题目展开讨论。小组讨论案例的过程鼓励不同意见的交流，在交流的基础上形成小组的一致意见。最后，将小组形成的一致意见写在大白纸上。

为了便于自己理解案例内容，当进行案例分析时可以提出以下的问题：①此案例说明了什么？②有哪方面问题？③有哪些具体问题？④这些问题是什么原因引起的？⑤我所发现的"问题"是否是"症状"？⑥主要问题是什么？⑦这些问题为什么是主要的？⑧这些问题与哪些因素有关？⑨这些问题与人们要达到的目标的关系是什么？⑩有哪些潜在机会？⑪有哪些实际行动或提供可行的解决方案？⑫这些方案的实施会有什么影响？

（6）组间汇报交流

在小组讨论结束之后，辅导员组织开展组间交流。每个小组将写在大白纸上的讨论结果在全体会议上汇报展示。在汇报过程中或结束时，要允许其他小组提问题，所汇报的小组代表或小组成员有义务对其他小组成员提出的问题进行回答或解释。

（7）点评

组间交流结束后，辅导员对交流的要点进行归纳总结。在点评时要求辅导员要紧扣目标，突出重点，要清晰并有逻辑。

（四）实地考察

实地考察的目的是使学员了解工作现场的环境、设备及具体实践、操作的过程。在实际工作中，实地考察是推广某种生产技术、经验时常使用的方法。实地考察可以使学员能够亲眼看到一些在特定环境下实际发生的事情，结合课堂所学的知识以及实际掌握的第一手资料来锻炼分析问题和解决问题的能力。实地考察也是一种沟通技能的训练。

1. 准备

（1）确定明确的考察目标。

（2）选择适合的考察地点和访问对象。

（3）收集和研究第二手资料。

（4）制定详细的考察计划（如问卷设计等）和日程安排。

（5）提前通知当地的负责人做好接待准备。

2. 考察

（1）仔细观察，最好多学科人员从多角度去看待实际情况中的某些事件。

（2）在观察的基础上与当事人座谈、访问。

（3）注意沟通技巧和访问程序。

（4）讲究调查方法。

3. 结束

（1）总结考察收获。

（2）交流考察结果

（3）讨论和分析结果并得出结论，写出考察报告。

（五）游戏

培训所采用的游戏方法不是儿童的一种娱乐方式，它和角色扮演方法一样，是一种参与式培训形式。它采用某种预先设计好的情节，通过学员们的某些活动来达到某种结果。该过程具有娱乐性质和非正规形式。学员通过轻松的游戏，可以悟出某些道理。培训者在政策分析、沟通技术、商业行为等培训应用较多。游戏更多的不是规则和程序的演示，而是表演者的行为。另外，游戏常常含有竞争或娱乐的性质，在游戏结束时可分为胜利者或失败者。在游戏结束时，一般要展开讨论和分析。

（六）讲课

讲一节课不难，讲好一节课很难。首先，讲课应该有一个很精彩的开始，这样能引起农民对所讲内容的兴趣并集中集中注意力。因此，讲课一般分为导言，主体和结束三部分。怎么做呢？

1. 课程准备

（1）明确对象和目的

要提前对受训者的基本信息有了解，特别是受训者的工作特征、培训需求两个方面。对受训者了解得越多，讲课效果会越好。如果没有机会提前对受训者进行了解，也可以在上课前征求受训者的培训需求或学习期望。教师据此对讲课重点进行适当调整。

讲课目的分三个层次：①仅仅是需要听众了解的信息，这部分信息要注意表达清楚，是作为其他知识和技能的基础；②需要听众应用的信息，它需要与具体的操作措施紧密结合，即联系到实际问题；③需要听众思考的，可能针对的是信息的缺失和利益的冲突，需要与学员的利益有紧密的案例。

（2）设计适合的内容

①注意信息的连贯性；②新内容数量的控制。一般来说，简单的新

信息不能超过 6 个，复杂内容的新信息不能超过 3 个；③次序，先是需要了解的信息在前，思考信息在后，简单信息在前，复杂在后，跟受训者联系紧密的信息在前，联系较远的在后。

（3）视听辅助设备的准备

在讲课中如需使用视听辅助设备，如投影仪、音箱等，应提前做好准备。

2. 课程开始的导言

一个好的开始是成功的一半，讲课也是如此。在学习某种知识或技能时，导言的作用是要对所学的内容有一个大概的了解。一个可引起在场每个人注意的好的导言应能够：①清楚明了地介绍课程要包括的内容；②把新知识与过去已有的知识联系起来；③鼓励农民在已有知识的基础上积极思考要学习的新内容；④使农民清楚地了解课程的成果及对后续学习的影响；

一个好的导言应体现五个方面的特征：①开始；②需要；③题目；④范围；⑤学习的目标。

3. 讲课过程中的技巧

成功的教授要能够激发学员的思考。因此，讲课过程中需要做到以下几点：

（1）语言流畅。

（2）语速适当。

（3）适当的停顿。

（4）注意提问。提问可以分为联想性提问，回忆性提问、对比性提问、假设性提问等。

（5）寻求反馈与对话。用语言寻求反馈，用眼睛看大家给出的反馈。针对反馈，与其展开讨论。

4. 讲课方法

演绎法：按照讲课题目列出大纲，然后一条条展开。

归纳法：求同存异，把一类问题进行归纳、总结。

5. 视听辅助手段的运用

（1）视觉教学手段的优点

①吸引注意力并突出重点，在听的过程中遗漏的东西可以通过视觉教材得到补充；②可以说明、展示一些文字不易描述的内容。清晰、适宜的视觉教材，如图片、透明胶片等可使农民一看就懂，从而节省讲课时间；③帮助人们学习，视觉教材往往可以暂停、快速浏览教材，这有利于更多的吸收知识。

（2）常用的视听设备的使用

视听教学手段有很多种，常用的有：录像、投影仪、电影片、幻灯、黑（白）板等，下面简要介绍一下常用的视听教材的特点及使用注意事项。

投影仪

使用投影仪前的准备工作：①检查屏幕位置 屏幕应该在教室正前方或与观众呈 45° 角的位置；所有农民应都能方便地看到屏幕；坐的最远的农民不应超过屏幕宽度的 6 倍；②检查投影仪的位置 使影像与屏幕平行、处于中间，并调好焦距；放大图像时，把投影仪拉远；缩小影像时，把投影仪推进；投影仪的高度在手的位置即可，这样你站着和坐着时都可使用；在投影仪电源开通时不要移动，以免损坏灯泡。

投影仪使用注意事项：①在讲解时要面对听众，不要面对屏幕；②每放一张投影片要稍停几秒，让农民先看一下再讲解；③投影片按讲课顺序排好；④不用时要将投影仪关上；⑤用铅笔或教鞭不要用手指来强调要点；⑥不要在有影像的屏幕前走动。

黑板／白板

黑板／白板是培训师应用的最基础的视觉教学辅助工具。像其他辅助手段一样，培训师要掌握一定的技能才能很好地运用。黑／白板的优点是：应用普遍，几乎所有的培训场所都必备；用一些带磁性的小钉把图表等其他材料挂在上面使用。缺点是：需要练习板书；有些颜色不易看清；一些复杂的图表在上面很难画；比较亮的表面有时会反光。

在使用黑板／白板时培训师要注意：①计划好写在黑板上的内容并

考虑布局；②课程题目要在开始上课时写在黑板／白板上边位置；③要分栏，从左向右写；④终点词句要加大或做标记，一般的字要 3 公分左右高，大字可达 6 公分，字不要写草书；⑤写在黑板／白板上的材料留的时间要尽量长，这样便于农民有时间回顾、复习。

6. 培训师在讲课中应注意的几个问题

培训师的演讲能力如何将直接影响着教学效果。为提高农民对讲解内容的理解，培训师讲课中应注意以下几个问题：

（1）明确上课对象、目的、内容、方法，树立信心。

（2）使用简明易懂的语言，肢体语言丰富。

（3）内容条理清楚，逻辑性强，有结合点。

（4）使用真实、有关系的例子。

（5）把握课堂节奏，多与学员沟通、互动。

（6）重点复述。

（7）不同内容采用不同方式方法，根据学员反映及时调整。

（8）注意及时总结归纳。

（七）观摩

观摩是对成功技术进行有组织的参观学习活动，是技术推广中个人采纳过程的一个引起兴趣阶段的重要步骤，观摩是要组织推广对象在现场实地参观，将要推广的新技术推荐给目标群体的过程。因此，观摩更多的是诱导参观者的兴趣的活动，因此，需要有看的实物，而且要能看得清楚，当然，也还需要有好的解说。

观摩的准备活动有很多，关键点是预先最好要有对照，所看的事例要做到差异性显著。另外，要预先向参观者讲清观摩的内容，给出参观的目的和思考的题目。让观摩者带有问题去看，有目的的看。另外，组织观摩活动要认真选择参加者，也就是推广的目标群体。参加者的选择与观摩内容要有吻合度和针对性。

观摩的组织根据情况也可以将观摩者根据观摩的重点进行分组，一

个组有一个观察重点，以便观察后有对比。

观摩后的讨论包括：①回答预先设定的题目；②对观摩内容的看法与评价；③一些相关的想法和打算；④应用技术所需要的支持设想。

（八）示范

示范是指推广人员将经当地试验取得成功的某项技术通过某种方式展示给大多数未采纳此项技术的农民，以引起他们的兴趣并鼓励、敦促他们仿效的过程。

示范一般分为成果示范和方法示范两种。成果示范指通过农户的参与对所取得的新技术成果的展示，它可以是推广机构或推广人员倡导或主推的技术，也可以是推广人员发现的农民自己的做法或经验；方法示范指某项技术操作流程或操作方法。

一项新技术从引入到推广一般都需要试验和示范过程。在此过程中，需要与农民进行很好的沟通，共同设计试验和示范方案。示范是新技术从研发向熟化转化的过程，是知识和技能在结合当地条件的综合运用。

示范的程序如下：

（1）首先确定示范的类型：①引入新技术；②农民经验的总结提升。

（2）设计试验方案，制定操作指南：试验方案应该与与示范户共同设计。通过试验示范，使得新技术由技术人员向农民的传递转变成由农民向农民的传递。因为示范户自己参与了试验方案的设计，所以，将来就能向其他农户讲解试验和示范成果和过程。

（3）开展现场会：一般有组织的示范活动往往与现场会和观摩活动连在一起。现场会最好由技术员和农民一起介绍示范内容。推广人员要注意一定要给示范户讲话的机会，因为示范户的讲解往往更有说服力。

（4）参与式示范评价：当试验完成后或示范的现场会开完后，请其他农民来做评价，不是技术员来评价。

需要注意的是示范一定是再当地已经试验成功的技术，还不一定成功的技术不能做示范，因为还仍处于试验阶段。若示范户没有按照实施方案、操作指南操作，会有可能失败。示范是将外来成功的经验转化为示范户的经验的过程，接下来的步骤才是推广。

（九）经验共享

在培训过程中，发现少数人有经验，辅导员应该及时组织将少数人的经验与其他学员交流分享的机会。这时候，少数有经验的人，最好是直接从事生产的农民就扮演资源人的角色。在实际培训过程中，农民可能有经验，但更多是以隐性知识存在的，也就是说他的经验并没有条理化，不善于表达。这时候，培训师或辅导员需要协助进行归纳总结。

五、参与式辅导方法要点提示单

（一）培训或研讨班开始的辅导方法

（1）学员相互认识。

（2）收集并汇总学员对培训班培训内容的期望。

（3）与学员一起制定学习约定并明确研讨规则。

（4）明确研讨的日程安排与培训目标。

（5）每日评估的安排。

（二）讲授或讲座的辅导方法

（1）注意控制讲解的时间，讲解的时间应避免过长。

（2）讲解内容简洁明确，避免模糊或难以理解。

（3）引用身边的案例/真实故事。

（4）提问要多样化，不能总是一种方式，并且尽量多采用复述的方式进行。

（5）注意倾听培训班参与者的发言，避免培训教师或辅导员总是一个人在讲。

（6）使用肢体语言帮助理解。

（7）与其他培训方法结合使用，以促进学员积极参与。

（三）组织学员讨论的辅导方法

（1）选择适合于开展小组工作的地点。

（2）将小组工作的任务在大白纸上展示出来以明确小组工作的内容和讨论主题。

（3）安排有充分的小组工作的时间。

（4）将小组讨论的成果展示在大白纸上。

（5）确定小组发言人，并由小组发言人汇报小组工作的成果。

（四）培训过程中的辅导方法

（1）将经验多的学员与经验少的学员分成不同的小组。

（2）根据主题安排讨论发言，观点交流，经验共享，使培训过程成为参与者相互学习的过程。

（3）辅导员可以根据参与培训的每个学员的特点，邀请不同的参与者代表做专题发言。

（4）及时组织学员开展专题讨论和案例分析，分享报告者的知识和经验。

（5）在培训结束后，邀请每位学员发言，交流培训的收获和体会。

六、农民培训评价

培训评价是指对培训的指导思想、培训设计、培训方案的执行、培训产生的效果和培训对受训人员及其组织机构产生的影响进行的分析。评价应能回答下面两个问题：一是此项培训是否取得了预期的效果；二是今后这类培训是否有必要再进行。

（一）谁来开展评价？

乡镇相对独立的部门或农业技术服务中心的技术员、培训项目主持人和培训教师。

（二）评价什么？

1. 培训需求评价

对培训之前的培训需求分析过程进行评估，从培训需求评估对象农户的选定、需求评估方法选择（个体访谈、问卷、小组访谈）、以及培训学员选择、培训教师选择、培训项目的选定、培训间距的确定、培训地点及时间安排、培训目标的设定等角度来进行分析。

2. 培训过程评价

在培训过程中，从培训方法（讲课、实地操作、现场参观等）、培训组织等角度来进行分析。为了保证培训效果，要注意对培训过程进行监测和评价。

培训评价可以分为三个部分：①培训中评价。例如在每天培训结束之后所进行的"每天评价"；②培训结束评价。一般在培训班结束时进行，检查学习收获，征求反馈意见；③培训后评价。当培训班结束以后，学员回到自己的工作岗位之后一段时间要进行后续评价，以便确定培训之后学员的行为表现是否发生了变化，这些变化是否培训的结果。后续评价的结果是进行新一轮培训的基础。

3. 培训效果评价

在培训结束之后，从培训效果与培训目标的实现程度，以及具体培训效果方面来进行分析。

培训效果评价一般包括三个方面：①理解评价。主要评估学员参加培训后是否理解了知识或技能要点以及农民对于培训内容的反馈意见；②应用评价。主要评价在培训结束的一定时间以后学员对培训技术的实际应用情况，即对所学知识和技能是否应用了，应用得如何，还有什么问题。③效果评价。主要评价一个完整的技术周期后的产出，不同地区的农民培训对提高农民收入的效果，技术应用能力和组织化程度的影响。

（三）如何评价？

采用问卷和访谈相结合、定性和定量相结合以及参与式农村评估的调查方法，通过最低取样量（最低不少于 30）获取以下信息：

1. 基本数据（农户基本情况）

（1）自然因素（气候、地理、土地等）。

（2）经济因素（劳动力、市场、价格、投入能力和成本等）。

（3）社会因素（政策、农户规模、文化水平、技术服务的提供程度、组织化程度等）。

2. 前后对比

在理解、应用和效果三个方面都可以做关于培训前后的对比。为了做好这个对比，必须要注意培训前的评估记录，不要总是依赖于收集被访者的回忆。

3. 同项对比

同项对比包括：①相同条件对比（相同自然、经济和社会环境条件情况下不同学员的情况比较）；②相同产业对比（相同产业这里指例如种植业或养殖业中的相同领域）；③相同区域对比（区域或地理位置要一样。在这种情况下进行对比）；④相同农户对比（指农户的基本情况相同的情况下的培训结果比较）。

4. 有无对比

有无对比指培训过的学员与没有培训过的学员进行比较。进行这种评估的时候，需要选择相同条件的仅仅在参加和没有参加培训这一点上有差别的对照样本。

5. 评估方法

评估方法可以采用问卷法、半结构访谈、小组讨论、农户贫富排序、村级社区图、农户家庭经营系统图、案例分析等方法进行。

第 五 章

参与式农业推广监测与评价方法

推广监测指在推广项目执行过程中由推广人员与农民一起检查推广计划的实施情况。推广评价是指在项目执行过程中或结束后推广人员与农民一起评估推广项目目标的实现程度。

在开展推广项目的监测与评价过程中应该以农民为主体，采用农民能够使用的方法和工具进行。

第一节
参与式农业推广监测与评价概述

一、参与式农业推广监测与评价的概念

参与式农业推广监测是指项目受益者参与检查、记录、收集、加工和交流信息，为农业推广项目管理人员和决策组成员提供帮助的监测方式。

参与式农业推广评价是指农业推广项目管理者和受益者小组（农民小组）成员通过对项目管理的系统分析、调整、重新制定政策或目标，重新进行组织机构安排或调配资源的一种方式。

参与式监测评价要求人们在以下几个方面的参与：①决定农业推广监测和评价的领域；②选择农业推广监评的指标；③设计数据收集系统；④收集和整理数据；⑤分析结果；⑥将参与式农业推广监评的信息用于自己的目标实现上。

二、参与式农业推广监测与评价的基本步骤

根据推广项目不同，推广评价所采用的实际程序可能差异很大。然而，一些基本步骤应该是一致的。

1. 制定评价工作计划

由于开展评价工作的资源有限，服务对象所关心的问题不同和工作程序的要求，需要首先制定一个评价工作计划。评价计划要说明将要做什么，为什么需要做以及如何做的问题。在推广计划中，一般要确定评价所用的指标，指标是用来衡量推广活动或实施情况价值的尺度，例如采用者的数量和确定评价所用的方法。

2. 回顾推广计划

一般推广评价实际上是对计划完成情况的评价。因此，需要对原来的计划进行回顾，往往也是评价的基础。

3. 设计评价工作框架

评价工作框架是在评价工作计划的基础上对所要开展的评价的一种逻辑化的分析和安排，对指导实际评价工作更有指导意义。

4. 开展评价

开展评价包括实地调查、分析材料、提出结论。

5. 撰写农业推广评价报告

在开展农业推广评价之前，要根据被评价的具体农业推广项目，制定一个农业推广项目评价的计划框架，见图5-1。参与式农业推广评价以项目计划框架为基础，分别对农户层面、社区层面和机构层面开展有关效果和影响评价。

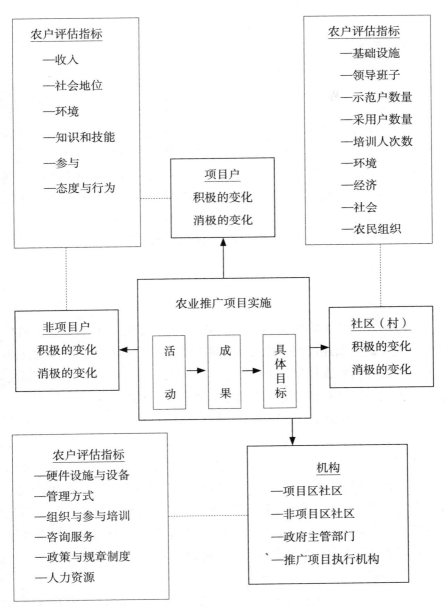

图5-1　农业推广项目评价框架

第二节
农业推广监测与评价的内容

农业推广的评价实际上包括两个主要方面：对推广计划的评价和对推广实施的评价。农业推广计划的制定是由农业推广部门自己进行的，而农业推广计划和计划实施的评价是上级主管部门或由上级主管部门委托中介机构开展的工作。一般来说，对推广计划的评价是在农业推广部门制定计划之后进行，同时也强调在计划制定过程中进行；对推广实施的评价分为事前、事中和事后评价。在许多推广项目中，一般进行可行性评价、项目执行过程中的中期评价和项目结束以后的后期评价。

一、农业推广计划评价

1. 需要澄清计划的产生背景

要提出一些基本的相关问题，例如：①推广的建议是如何产生的？②谁最先提出这项建议？③建议是如何转化成计划的？④农民参与计划制定的程度如何？⑤计划是否与当地需要有关？⑥这些需要是如何确定的？⑦他们如何影响该地区目前的生活条件、市场等？⑧计划是否会对农业、牧业和文教卫生、对社区发展产生正面影响等。

2. 评价推广计划实施的可行性

要提出一些基本的相关问题，例如：①当地的人力资源状况？②农牧民的态度、知识和现有技能情况如何？③计划是否符合当地的社会、经济发展水平？④是否符合当地的资源条件？⑤推广计划实施的时间是否合适？⑥与国家的法律和政策是否吻合？⑦资金来源和数量是否能够支持推广活动的开展？⑧外来机构的支持和技术支持情况？

3. 农业推广监测和评价指标的合理性

农业推广监测评价指标的制定应该遵守 SMART 原则，即具体化、可检验性、可实现性、可靠性和时限性。

二、农业推广计划实施的评价

农业推广计划实施的评价注重项目活动的效果和影响。对推广计划实施的评价需要回答以下一些问题：

（1）是否按照计划的时间、方法、数量实施的？

（2）是否实现了所计划的目标？

（3）对项目区域内的人们产生了什么影响。比如人们的反映如何？他们学到了什么？他们接受了哪些东西？对个人和家庭有什么影响？

（4）对社区发展的效果、作用和影响有多大？

（5）直接的作用和效益如何？

（6）对资源和环境的影响？

（7）有哪些经验和教训？

（8）是否具有可持续性？

农业推广评价的作用：

（1）可以检查所计划的目标完成的情况并在评价的基础上可以发现新的项目；

（2）可以为关心项目的决策者们提供一些信息，通过评价把有关信息提供给有关行政管理部门，县级推广机构，项目咨询人员和各学科的专业人员等。

（3）可以帮助农民总结项目推广中的问题，提高农民找出问题和分析问题的能力。

（4）可以为正式的报告提供资料。

（5）评价结果将决定推广项目否继续进行以及扩大项目还是结束项目的问题。

三、农业推广效益评价

推广评价因不同的目的、不同的项目类型、不同的管理部门和不同的评价者有不同的方法，传统的农业推广主要强调推广带来的经济效益，随着改革开放和我国社会、经济的发展，以人为本的科学发展观开始在中国主流化，影响到发展的各个方面。农业推广的评价也从单一经济效益评价，发展到更加强调社会效益和生态效益评价。

1. 农业推广的经济效益评价

经济效益是一切经济活动的核心，是指在经济活动中各种成本与收益的对比。农业推广的经济效益是指在农业推广活动中新增的农产品生产能力和农业产值等。在很多推广项目中，经济效益往往被看作比较重要的指标。

2. 农业推广的社会效益评价

农业推广的社会评价是应用社会学、人类学、项目评估学的理论与方法对农业推广活动产生的社会效益与影响的分析与评价。社会效益评价重点研究农业推广活动与人的关系，这是经济评价所不能解决的问题。目前，社会效益评估已经成为推广评价中必不可少的内容。

3. 农业推广的生态效益评价

生态系统是人类赖以生存环境，生态环境是指人类生存和发展所依赖的基础环境。生态环境相当于我们人类的脑袋，良好的生态环境，可以使人类可持续地生存繁衍下去，可以使人类健康的生活，创造更美好的生活，生态环境的恶化将直接对人类生存构成威胁，因此，生态环境对人类来说是非常重要的。

第 六 章
参与式农业推广分析方法

　　参与式农村工作方法是指从事农业和农村发展的工作者包括干部、教师、研究人员、推广人员在与农民一起工作的时候所使用的方法，这种方法不是自上而下的行政命令方式，而是自下而上的一整套在调查和讨论基础上群体决策的方法。参与式农村工作方法是以参与式农村发展途径为指导的以参与式农村评估为基础的工作方法。

第一节
社区现状分析

　　社区现状分析包括社区资源分析、社区历史发展分析和社区生计活动分析三个部分。
　　社区资源分析的工具包括社区图、资源图和土地利用剖面图；社区历史发展分析的工具包括社区发展大事记和历史演变与发展趋势图；社区生计活动分析的工具包括季节历和每日活动图。

一、社区资源分析

社区资源分析是对社区范围内的与生计相关的所有资源包括社会、经济和自然资源进行描述，分析其特点和相互关系，探讨可能的发展机会的过程。社区资源分析使用的工具包括社区图、资源图、土地利用剖面图。

1. 社区图

根据当地的社会、文化特点，可以尝试采用画社区图的方法，对农户进行公开、透明的分类，从而体会当地不同姓氏、宗族、贫富程度和其他社会文化背景的群体对事物看法的差异性。从参与式的角度来讲，绘图为参与者提供了一个进一步认识其所在社区的过程，并使他们获得充分交流的机会。一幅社区地图的完成不仅是当地人能力的表达，也是对社区及自身的潜力进一步认识，并增强有关发展信心的过程。

社区地图对社区状况的表达直观、生动，用自己所熟悉的方式表示熟悉的事物，会有助于调动参与的热情。在画图过程中，参与者根据自己的知识和经验畅所欲言，所得的信息在准确度及代表性方面要优于常规的统计数字。

社区图一般含有关于基础设施、居住区和重要标志性建筑等信息；标有家庭住户，并含有相关的具体信息，如：文化程度、营养状况、疾病分布、五保户、儿童数量、妇女为户主的家庭等。

（1）目的：①了解、分析社区的总体情况，特点以及存在的问题；②研究一个社区（村、组）内的人口和社会经济要素的分布；③本社区村、组和农户之间的类型划分；④根据社区图，在后续讨论中进一步分析农户分化的原因和发展机会；⑤活跃气氛并为进一步的讨论打下基础。

（2）工具与材料：大纸、彩色笔或就地取材（谷粒、石块等）。

（3）步骤：①将一张一开的牛皮纸或大白纸用图钉钉在展示板上，也可贴在墙上或铺在桌子上；②在纸的上方写上某县某乡（镇）某村社区图并标注方向（可按当地人的习惯标注）；③勾画出村轮廓；④标出有特征的建筑和地理特征，如村委会、学校、公路或河流等；⑤在图上标出需要了解的信息及用什么符号表达这些信息（例如：学校、卫生站、商店、兽医、五保户、残疾户、儿童等）；⑥将一些社区内的基本情况如户数、人口、劳力、男女比例、儿童数量、学生数量等以文字形式写在空白处；⑦制作图例以及注明制图日期、制图人姓名、地点。

（4）注意事项：①绘制社区图一般以小组形式完成；②由一人执笔，其他人予以补充，共同参与到这一过程中，使所反映出的社区状况更加真实准确；③最好先用铅笔在大纸上勾画出轮廓，修改确定后才用粗笔勾画；④可以按照自身习惯的方位画图，最后标出方向；⑤在画图过程中参与者之间可以进行简单的讨论；⑥必要时可以将男女分为两组分别绘制，使不同性别对社区的观察和了解上的差异得到表达，并形成相互间的补充；⑦在画的过程中，不断征询其他参加人的意见，加以核实并确定；⑧不必强求图的精确性，而更加注重信息的真实性和完整性。

2. 资源图

同制作社区图具有同样的作用之外，在公开讨论的环境中制作资源图可以有助于进一步认识社区发展中所涉及的各种资源（自然资源、社会资源等）的分布及利用现状，共同判断社区资源利用中存在的问题，寻找发展的资源潜力，确定资源的合理利用方案。资源图应该表明资源的分布以及社区或其他利益群体是如何利用这些资源的。

在绘制资源图时，需在图上反映出社区内及与其直接相关的外部环境中的一些信息并在绘图过程中进行一些与资源现状、利用等情况相关的讨论。

（1）目的：①描述一定区域（县、乡、村、组）内的自然资源、基础设施分布；②村与村之间、组与组之间、户与户之间资源禀赋的差别；③了解社区资源利用现状，寻找社区资源利用中存在的问题及发展的资源潜力，确定资源的合理利用方案；④分析当地存在的问题，所能获得的条件（包括内部和外部）和发展机会。

（2）工具与材料：大纸、彩色笔或就地取材（树叶、谷粒等）。

（3）步骤：①将一张一开的牛皮纸或大白纸用图钉钉在展示板上，也可贴在墙上或铺在桌子上；②在纸的上方写上某县某乡（镇）某村资源图并标注方向（可按当地人的习惯标注）；③绘出主要的地形地貌：如山脉（峰、坡、谷等）山势走向、海拔、坡度、沙漠等；同时标明基本的自然资源，包括水、矿产、野生动物等；④绘出基础设施和地物信息：如道路及走向、房屋及类型、水源和电力设施、社区内组织机构的位置（村委会、学校、卫生院、商业网点、企业或加工厂等）；⑤对与社区有直接关系的外部社会资源的位置及与社区的距离进行标注，包括地方政府（县、乡政府管理及服务部门）、中心学校、集贸市场、医疗卫生、交通等内容；⑥种植业用地（作物种类、分布位置、面积）、牧业用地（牧场、草场、圈养地等）、林业用地及林业资源（树种、林种，天然林、人造林等）；进行土地类型划分的描述（如：一等地、二等地等）；⑦在图上注明自然灾害如水土流失情况严重的区域及其发生频率等内容；⑧如有必要，在空白处、或另外的大纸上，说明村、组之间的类型划分、各自特点；⑨制作图例以及注明制图日期、制图人姓名、地点。

（4）注意事项：①按照自己的思路确定方向、边界、注明内容。尽量采用不同的符号、线条、颜色，增加直观性、形象性；②使用此工具时，不应对比例尺、图例等作规定。

社区资源图例见图 6-1、图 6-2。

图 6-1　社区资源图例一

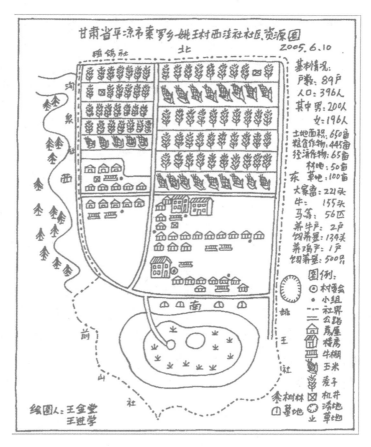

图 6-2　社区资源图例二

3. 土地利用剖面图

　　土地利用剖面图主要用于了解当地社区土地利用状况，土壤类型和目前存在的问题，探讨其发展的潜力。不同于社区图及资源图，土地利用剖面图主要是通过立体的剖面展示社区的土地利用状况。3～4 名当地村民沿事先选定的路线步行横穿某一地区。线路方向任选，但是要保证能够横跨所考察的地区的所有主要的生态和生产地带和最大程度地考察该地区的地形地貌、生产生活和经济等情况。

（1）目的：①提供就自然资源潜力、土地利用结构、畜牧养殖、种植结构等方面的必要信息；②进一步了解社区的总体情况；③深入讨论社区内部某一特定区域内的所有情况（生产、生活等）；④为进一步的涉及社区发展的讨论（问题确定，措施选择与分析等）提供基础资料；⑤与社区图及资源图所获得的信息进行交叉验证。

（2）工具与材料：笔记本、笔；大纸、彩笔等。

（3）步骤：①根据制作完成的社区图及资源图选定具体的踏查路线组建踏查小组；②每走 5～10 米，就停下来对周围进行观察并记录下观察到的东西。可以与小组成员进行讨论例如当地的土地、植被和水资源等方面的情况并加以记录；③结束实地踏查，将一开的牛皮纸或大白纸用图钉钉在展示板上，也可贴在墙上或铺在桌子上；④在大纸上方写上某县某乡（镇）某村土地利用剖面图并写明踏查方向和距离；⑤根据实际情况，将剖面的大致地势包括地表的主要利用形式绘制在大纸的上半部分并在相应位置标注海拔、坡度等信息；⑥根据距离（一般为公里）、土壤类型或者利用情况将剖面分段并相应地在剖面下制作表格；其中，横向通栏为不同分段，纵向通栏分别为为土壤类型、利用现状、存在的问题、潜力分析和解决的对策等内容；⑦标注制作时间、地点及参与人员。

（4）注意事项：①根据时间及调查的具体情况，可以选择实地踏查后制作剖面图并讨论，也可以在制作完成社区资源图的基础上选择一个剖面进行讨论；②讨论的核心内容是各地段目前存在的问题，包括自然造成的问题和管理造成的问题以及相应的发展潜力和解决问题的对策；③制作过程中要反复验证并注意与社区图及资源图的交叉检验。

二、社区历史发展分析

社区历史发展分析是参与者回忆和追溯社区历史上曾经发生的、与村民生计相关的、村民认为重要的事件。通过对社区历史发展分析有利于对社区发展过程的了解及对发展趋势的预测。主要使用的工具包括社区发展大事记、历史演变图、社区发展趋势分析图等。

1. 社区发展大事记

大事记从某种意义上展现了对村民有较深影响的乡村发展史中的重要事件。该工具将社区发展中的演变过程予以直观、形象地表达，加深参与者对社区自然生态、社会文化、社区制度、技术及经济变迁过程的认识。这一工具将有助于参与者理解过去事件（重大事件）对发展的深刻影响，并为进一步探讨未来的发展方向、途径和措施提供可资借鉴的经验和教训。在这一过程中，参与者能够从社区的发展历史中得到有益的启示。此工具的优点是从历史的角度来看待发展中的问题，通过参与的过程而形成对发展的共识，使之成为社区制定发展规划和启动其发展过程的动力。

（1）目的：①了解社区在一定时间段内发生的特别是社会经济方面重大事件及对当地人的影响，以便对社区发展的过程进行分析；②通过调查，发现并分析不同的目标群体对于发展、变化的认识以及他们对于社区内变化情况的了解（参与）程度；③配合现状和问题分析，追踪导致现状的历史原因和演变过程，从而预测今后的发展趋势和项目干预的效果。

（2）工具与材料：笔记本，笔；大纸，记号笔等。

（3）步骤：①在一张大纸上的上方分别写上年代、事件及对社区发展的影响；②请一位社区中的长者从他（她）能知道的时间开始，逐年依次回忆比较重大的事件；③写出具体的时间（年份），发生的事件，对他（她）和社区的各种实际的以及潜在的影响（正面或负面）；④在制作过程中，如展开了相关讨论，可将有价值的信息记录在空白处；⑤请其他人进行补充；⑥标注制作时间、地点、参与人员。

（4）注意事项：①所谓的大事应以当地农民自己的标准为准；影响不仅是正面的，也可能有负面的；②主持人应不断提醒，帮助其回忆；③最好同小组访谈结合在一起进行；④注意信息所提供的主要线索；⑤注意交叉验证。

社区发展大事记图例见图6-3。

1956	地主私有土地和森林，林木的采伐以及林产品均由土地所有者经营；人工次生林较少，大多数是天然林；有关林业的工作只是看护森林。
1962	开始了农业集体化，土地收归公社集体所有；开始大面积地造林；但同时进行的集体小采矿和小炼钢等项目造成大面积的森林破坏，全省的森林载量从2.6亿立方米下降到了0.16立方米。
1990	调整分配所有权，森林和土地的所有权从公社下放到生产队，因而极大地调动了农民造林的积极性；同时政府对林业发展的投入也增加了。木材和林产品基地建立起来，造林面积扩大了。
现 在	在农村土地所有制变革的促进下，森林土地也被分配给农户管理，全省森林的70%～75%由农户家庭管理，5%归国家所有，剩下的归集体所有。这次变革再次推动了农民的造林，但同时也产生了负效应，如一些农民过分采伐森林和开发林业资源。
	农户个体管理的林地过分细碎，有时总共10亩地分成不同地方的几个小条带，管理不便。在这种情况下，一些农民自发联合投资林业发展，如，许多农户合伙雇一个护林员对他们分得的林地进行管理。同时，国家进一步强调社会、经济、生态效益的整体性和集中开发。

来自中国农业大学农村发展学院专家在中德合作造林湖南省项目（1996～2000）报告

图6-3　林业发展历史大事记图例

2. 历史演变与发展趋势图

历史演变与发展趋势图要与社区发展大事访谈进行配合或者根据时间安排单独制作。主要是对不同时期的基础设施建设、新技术的引进和应用、自然资源与环境方面的变化等对社区有重要影响的事物进行直观的、量化的表述。根据调查需要，运用历史演变图这一工具的对象可以是社区内不同的群体：村干部、男女农民小组、个体农户、儿童等。内容可以包括：随着社会的发展，给个人带来的变化；土地利用上的变化；技术上的变化（技术革新）；气候变化；自然环境的变化等等。除此之外，标明根据社区历史的分析对将来的发展趋势的预测结果。

（1）目的：①了解在乡村发展过程中自然资源与环境的变化、原因、结果和影响；②从中获得有关过去社区发生的变化，遇到的主要问题以及处理这类问题的方法；③根据历史分析预测社区在短期和长期可能发生的变化；④在讨论过程中分析当地人对变化的理解及在变化管理过程中的角色。

（2）工具与材料：笔记本，笔；大纸，记号笔等。

（3）步骤：①寻找社区内记忆力强的老年人1人或多人；②根据需要，确定时间段：时间段的选择应根据参与者的实际经历来确定，其单位可以为三年、五年或十年，以重大事件的发生顺序为准；③在大纸上方注明某县某乡某村历史演变与发展趋势图并制作坐标：注明需要讨论其演变过程的内容（如草场、林地、水资源、收入、人口等）、时间段以及发展趋势；④参照大事记的做法，请参加人对他们认为重要的事件进行回忆，摘录具有历史意义的重要变化阶段并画在纸上对应的位置；⑤可将有价值的文字信息记录在空白处；⑥完成并注明制作时间、地点、参加人员。

（4）注意事项：①可以从个人的经历（从能记忆起开始）开始；②年轻的参与者积必要时帮助绘画和笔录；③注意参与者所提供的历史演变过程中各项内容相互间的逻辑关系，必要时展开相关的讨论加以明确；④注意与采用其他工具获得的结果进行交叉验证。

历史演变与发展趋势图例见图6-4、图6-5。

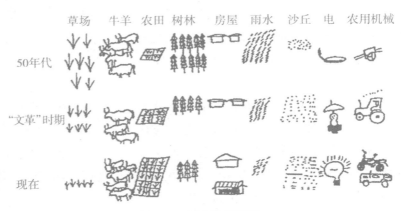

图6-4　历史演变图例

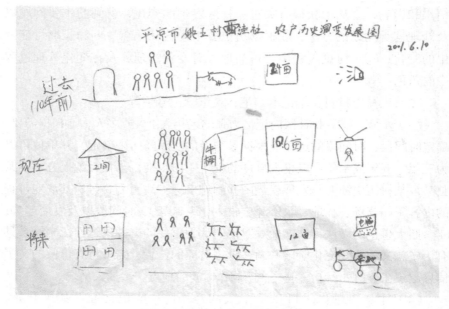

图 6-5　历史演变与发展趋势图例

三、社区生计活动分析

社区生计活动分析是探讨社区内人口在生产生活安排、经营管理、自然资源与社会资源分配等方面从事的活动及相互关系。对生计活动的分析是开展社区问题分析和解决方案的重要组成部分。社区生计活动分析主要使用的工具包括季节历和每日活动图。

1. 季节历

季节历可以帮助了解社区主要农事活动类型、如何配置资源（土地、劳力、劳动时间等）、经营活动及满足其基本需求（口粮、现金、燃料等）的方式和忙闲的季节差异，例如当地农户生产活动、收入支出情况、自然灾害发生频率及影响、疾病、农户的劳动量（强度、负担）、男人、妇女及儿童在生计活动中的角色与作用。

（1）目的：①分析劳动力的季节分布，特定时间的劳动强度，确定劳动力转移的潜力；②显示政府以及非政府组织参与当地社区发展活动提供支持与服务的有利时机；③分析价格、市场、收入、支出的动态，以便分析项目活动与生计活动的关系，如小额信贷活动的培训时间、放贷时间、还款周期、频率等；④进行社会性别分析。

（2）工具与材料：大纸、彩色记号笔、就地取材（不同颜色的粮食颗粒）。

（3）步骤：①在大纸上最上方写上某县某乡（镇）某村季节历并注明公历或农历；②在大纸上画十二条竖线。在每条竖线的上面标上月份；左侧要留有书写的空档；③在左侧写出生计活动种类，例如：种植业（作物种类及所需投入劳力的活动和数量，养殖业（种类及劳力投入类型包括种畜购买、防病、放牧等），林果业（整地、剪枝、除草、收获等），副业（采集药材、打工等），主要支出的类型及时间分布，主要收入的类型及分布，灾害与疾病的发生及类型等等；④尽量体现不同性别在不同活动中的分工及投入的差异；⑤可用不同颜色的豆粒等表示各月男女农民相对的劳动量；⑥作为对上一条的替代，也可以直接讨论当地每个月的不同活动内容并填入对应的月份下；⑦与参与者回顾、确认完成的季节历；⑧注明制作时间、地点、参与者。

（4）注意事项：①根据当地人习惯决定使用公历或农历；②灵活使用季节历，根据情况添减内容。例如，可以在农事季节历的制作中逐月讨论各项活动情况；可以在制作过程中与当地人就一些有价值的问题如困难、对策等进行讨论并记录；③在制作过程中注意交流及与不同参与者的交叉验证；④完成后要进行总结。

季节历图例见图6-6。

桃城区邓庄乡田庄村技术包户西红柿生产季节历

活动 / 月份	1	2	3	4	5	6	7	8	9	10	11	12
育苗								■	■			
整地										■		
栽培										■		
盖地膜										■		
盖大棚膜										■		
吊绳											■	
浇水施肥											■	
锄地											■	
捆棵											■	■
点花												■
绑蔓												■
打药												■
摘果		■	■	■	■	■						
挂秧							■					

图 6-6　季节历图例

2. 每日活动图

每日活动图是对某人或某些人在特定时间段内（农忙或农闲）从早上起床到晚上睡觉的全部活动的简单而完整的记录。每日活动图用来帮助收集和分析社区成员的日常活动方式和每日的时间安排。通过对不同成员（男女老少）的每日活动比较，可以提供作息时间、生计活动安排、性别分工、农村文化生活和当地风俗等信息。每日活动图可以对不同人的活动进行对比，如男性和女性；也可以比较同一个人在不同季节和随着时间推移的活动模式的变化。

（1）目的：①帮助收集和分析社区成员的日常活动方式和每日的作息时间安排；②分析社会性别（男女）之间每天的工作或劳动类型（生产性、家务性、社会性）和时间差异，特别是妇女的现状；③帮助确定特定项目活动的内容和时间安排，如小额信贷活动中的培训、会议时间等；④用于项目评价。

（2）工具与材料：大纸、彩色记号笔等。

（3）步骤：①选择提供每日活动图的目标农户（最好是男女分开进行）；②画一个图或表，抬头需写明某某社区某人或户，什么性别什么时间每日活动图。横向坐标为每日 24 小时，夜里睡觉时间可以省略。纵向坐标为农户每天的活动；③选择有代表性的两个季节（例如农忙和农闲，而在牧区则因为各不相同而选择四季）各一天做比较；④将每日不同活动内容和时间对应填入图表中，（根据时间，也可以将男女的活动用不同颜色的记号笔标注在同一张图上）；⑤与制作人验证并回顾，对有争议或问题的地方进行讨论；⑥在图上注明制作时间、地点、参与者。

（4）注意事项：①在目标农户选择时要有针对性。②在有宗教信仰的地区应注意了解信教农户的宗教活动时间；③注意对上述各种个体及群体间差异进行分析与总结。

图 6-7 为每日活动图例。

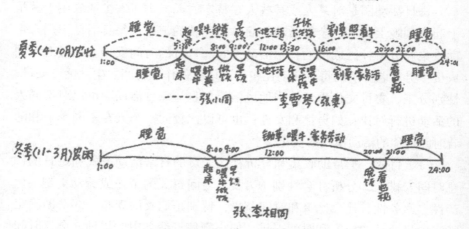

图6-7　每日活动图例

第二节
社区问题分析

一、因果关系分析

这是参与式传播与沟通方法中比较重要的工具之一，需要主持者具备较高的发动并主持讨论、快速归纳并总结问题等方面的技巧。通过小组讨论与分析，在较短的时间内与参与者一起对某一特定问题（如社区贫困问题）的原因、导致的结果等方面进行分析并按照一定的逻辑层次加以整理、归纳。尤其值得注意的是，人们往往容易将导致贫困的原因及贫困导致的结果混淆起来；另外，通过讨论获得的大量原因与结果也往往属于许多不同的层次，在这种情况下，掌握因果关系分析法可以帮助我们在讨论与分析过程中更好、更快地认清某一事物的本质，以便将注意力集中到使村民对贫困的问题、原因和影响达成共识，为进一步研究解决措施、找到项目的切入点（着眼点、入手点）及可能的扶贫开发规划内容打下基础。

（1）目的：①通过讨论，澄清人们所关心的主要问题；②通过分析，对问题、原因和影响达成共识；③为确定解决问题的方案打好基础。

（2）工具与材料：大纸，彩色记号笔，卡片，胶带，胶水，图钉等。

（3）步骤：①邀请不超过15名当地人参加小组讨论；②在大纸的上方写明某县某乡镇某村某问题因果关系分析；③说明意图、做法，分发给每人卡片与记号笔，提示参与者将要发表的意见按要求写在卡片上；④采用头脑风暴方法在所确定的讨论题目下找出主要问题；⑤通过讨论找出核心问题并固定在大纸中间；⑥找出核心问题的原因（包括不同层次，如原因的原因等）；⑦分析核心问题带来的后果/负面影响，按照其前后（上下）逻辑关系钉或粘在大纸上；⑧将属于原因的卡片按照不同的层次和逻辑关系钉或粘在核心问题的下方；⑨用线条将有关系的原因与结果（包括不同层次）连接起来，形成完整的因果关系网络；⑩与所有参与者回顾、总结并确认制作完成的因果关系分析图，进行必要的调整与修改；⑪完成后的形式应该是：中间为核心问题（树干），上方为后果及影响（树枝），下方为原因（树根），即'问题树'；⑫注明制作时间、地点、参与讨论的人员。

（4）注意事项：①主持人应遵守"中立"原则，研讨过程中平等参与原则，群体决策的原则；②注意参与者选择，应该是对社区情况比较了解的当地人；③注意不断提醒大家对不同层次上问题、原因、结果的表达与描述；要注意问题的表述中不要用"缺少"、"没有"等词汇；④可以邀请参与者直接写卡片，也可以由支持者或其助手帮助书写（注意书写后向意见的提供者确认是否准确）；⑤要尊重每一位参与者，不要加以简单的如'对'或'不对'的评价，可以要求他们对自己的意见加以说明并在讨论后进行修改；⑥要尽可能多地征求所有参与者的意见，避免少数人主导讨论；⑦主持者是在发动、组织、协助参与者讨论而不要以自己的观点主导讨论；⑧结束讨论前要与所有与会人员总结并回顾讨论的过程与内容。

问题分析图例见图6-8，因果关系分析图例见图6-9。

二、打分排序分析

打分排序是指为决策提供依据的一种结论性的选择过程，它是由一组人按一定标准将事物进行打分然后排序的过程。打分可以采取直接投票或投票与权重相结合的形式进行。排序是按照一定的标准对一组事物排列顺序的过程。排序可以按用途分为问题排序、优先选择性排序和富裕程度排序等。本章描述的打分排序主要包括投票法、直接排序法。

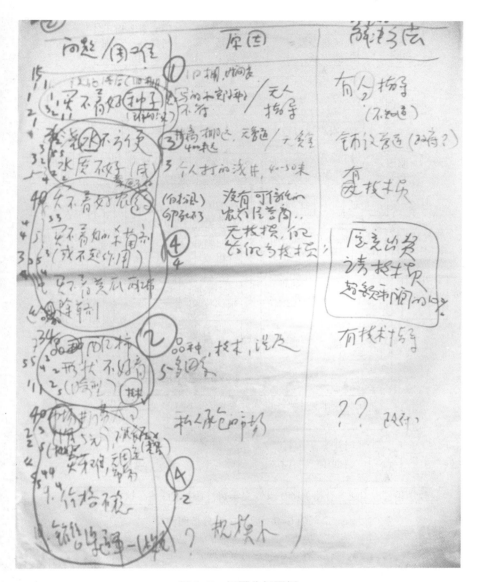

图 6-8　问题分析图例

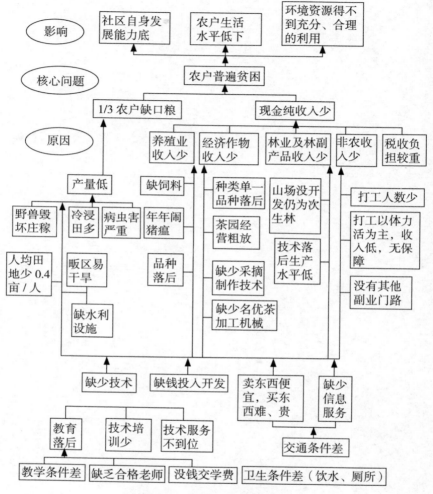

图 6-9　因果关系分析图例

1. 投票法

投票法主要是参与者对需要排序的事物按照一定的标准（重要性、偏好性等）通过投票的方式进行打分选择，并排出优先顺序的过程。用此种方法所得到的结果是从所有选择对象中挑选出来的一项或几项结果。

（1）目的：①判断事物的前后顺序；②为决策提供参考依据。

（2）工具与材料：大纸、彩色记号笔或就地取材（玉米粒、豆子、石块等）。

（3）步骤：①组成不超过 15 名当地人的小组；②详细说明目的、做法；③明确需要进行打分排序的对象并自上而下书写在大纸上；④讨论明确投票的限量标准（一人一票或一人多票），每个参与者对一个选择对象只限一票；⑤请参与者逐一在排序对象后面投票（打钩、画圈、投玉米粒或写数字等方式）；⑥待所有参与者完成打分之后，计算每个排序对象后的得票数（结果可以是一项选择，也可以是数项选择）；⑦按得票多少排出顺序。

投票法样例见表 6-1。

表 6-1　投票法样例

排序对象	投票	排序
1		
2		
3		

2. 直接排序法

直接排序法主要是参与者对需要排序的事物按照个人的标准（重要性、偏好性等）重新排序。用此种方法所得到的结果是所有选择对象的一个排列顺序。

（1）目的：①判断事物的前后顺序；②为决策提供参考依据。

（2）工具与材料：大纸、彩色记号笔。

（3）步骤：①组成不超过 15 名当地人的小组；②详细说明目的、做法；③明确需要进行打分排序的对象；④制作表格。将确定的排序对象逐一写在最左侧的纵栏内，对应的右侧按照参与者人数画出空白的纵栏并在第一行写明参与者的号码或姓名；⑤请参与者逐一在表格内将排序对象按自己的偏好重新给予顺序号（1，2，3，4）；⑥待所有参与者完成打分之后，将每个排序对象后的数字相加，将结果填入合计栏内；⑦按合计栏内数字多少重新排出顺序。

排序法样例见表 6-2。

表 6-2 排序法样例

项目（排序对象）	农民代表（参与者）														分数	排序
	1	2	3*	4	5	6	7	8*	9	10	11	12	13	14*		
土豆	1	1	1	2	2	2	1	3	1	1		2	1	3	21	1
中药材	2	2	2	1	3	1	2	1	2	2		3	2	2	27	2
蚕豆	4	3	4	4	4	4	4	4	4	4		4	4	4	51	4
育苗	3	4	3	1	1	3	3	2	3	2		1	3	1	37	3

注：* 为女性参与者。

（4）打分排序的注意事项：①尊重排序者，不要打断排序的过程；②排序的主题应根据工作的需要由主持人确定，但具体的内容及衡量的标准应尽量由当地人讨论产生；③排序结果应该仅作为决策的参考依据，因为参与排序的人所给出的结果不能避免会受其本身社会存在所产生的立场和态度影响。

三、优劣势分析

优劣势分析是帮助人们在面对诸多影响因素时进行分析决策的工具之一。对社区面临的内部和外部条件，可控和不可控因素进行比较分析，为制定社区发展计划，制定行动方案提供依据。优劣势分析的内容包括优势（社区自身有利条件）；劣势（社区自身面临的不利条件）；机会（社区以外可以提供的发展机会）；风险（社区以外可能对社区活动有影响、而且是社区无法控制的因素）。优劣势分析法通常用于小组讨论中，为小组讨论提供框架，使讨论与分析过程具有较好的针对性和系统性，将有利，不利，可能潜力和风险制约因素置于同一框架，能克服常规规划方法中问题分析，目标分析，项目方案分析等环节互相分离的缺点。优劣势分析可以采用打分的方法进行，也可以采用文字描述的形式开展或者两方面结合使用。

（1）目的：①帮助人们在分析问题的基础上基于诸多影响因素进行选择性的决策；②帮助人们在问题分析与决策过程中更清楚地了解自身的条件和发展潜力；③明确争取外部包括当地政府在内的支持方向或领域。

（2）工具与材料：大纸、彩色记号笔、卡片、胶带等。

（3）步骤：①组织不超过15人的讨论小组；②向参与者清楚地介绍讨论的题目、主要内容和讨论方式；③展示事先绘制的包含优势、劣势、机会、和风险四列内容的表格并解释其含义；④用集思广益的形式收集参与者对表格内四个因素的意见和观点并将结果填入相应位置；⑤对结果讨论、分析、归纳、总结；⑥标注时间、地点、参与者信息等内容。

（4）注意事项：①注意不要让少数人主导整个讨论，要（通过写卡片或有针对性地提问）尽量让所有参与者尽可能多地发言；②在讨论过程中，注意不要将内部和外部因素混淆（如优势与机会；劣势与风险）。

优劣势分析表样例见表6-3、表6-4。

表6-3 优劣势分析样例一

推荐领域	优势	劣势	机会	风险	结论	排序
洋芋	5	4	3	5	17	2
中药材	3	3	4	2	12	5
蚕豆	4	5	5	4	18	1
育苗	4	4	4	3	15	3
养牛	4	4	4	3	15	3
养羊	4	4	4	3	15	3
养鸡	3	4	4	3	14	4

注：优势分数高表示优势大；劣势分数高表示劣势小；机会分数高表示机会大；风险分数高表示风险小。

表6-4 优劣势分析样例二

项目活动		优势	劣势	机会	风险	总分	排序
桑园	打分	35	21	32	26	20	1
桑园	描述	有资源、有技术，见效快，投资少，农户大多可以养蚕	无标准化蚕室，缺建蚕室资金	有项目支持，市场需求大	资金到位不及时，易受天气影响		
种黄姜	打分	35	18	34	36	15	2
种黄姜	描述	有土地，有技术，省劳力，不抢收	资金少，投入大	农村信用社信贷，国际项目支持	怕涝		
蚕沙保健枕	打分	21	20	30	22	9	3
蚕沙保健枕	描述	有蚕沙原材料，有技术，有劳力	缺配套材料，如布、棉、药料	农村信用社信贷，国际项目支持好卖	市场波动大		

说明：6人参加打分，最高分5分，最低0分。妇女一组。

四、选择方案可行性分析

选择方案可行性分析是帮助当地人对几种预选方案在社会、经济、生态、技术以及市场等方面进行分析决策的过程，是对预选项目的一种评价。选择方案可行性分析不是按照自己的偏好，而是根据自己掌握的信息和经验对其可行性进行客观的判断，以得出比较科学的结论。

（1）目的：①帮助社区中的人们进一步分析预选方案可能造成的正面和负面的影响；②帮助社区进一步明确自身发展决策的优先序；③明确争取外部包括当地政府在内的支持方向或领域。

（2）工具与材料：大纸、记号笔、卡片或纸条、图钉、胶带等。

（3）步骤：①组织不超过10名当地人在内的讨论分析小组；②详细介

绍讨论的必要性、内容、方式、步骤等；③制作可行性分析表；④邀请大家对不同的可行性内容以五分制分别打分；⑤将各项预选方案得分分别统计总分；⑥根据总分进行排序；⑦标注时间、地点、参与者信息等内容。

（4）注意事项：①可以组织混合小组进行讨论，也可以专题小组讨论；②注意不要让少数人主导整个讨论，要（通过写卡片或有针对性地提问）尽量让所有参与者尽可能多地发言；③可以邀请参与者逐一上前在对应的空格内打分，也可以采用发卡片的形式背靠背打分并由主持人收集后记录到大纸上；④根据参与者的具体情况，在难以取舍时，也可以使用小数（如3.5分、2.9分等）。

可行性分析样例见表6-5。

表6-5 可行性分析样例

推荐领域		经济可行性	社会可行性	技术可行性	生态资源可行性	市场可行性	结果	排序
种植业	中药材	4.5	4.1	5	4	3.8	21.4	4
	设施农业	4	3.8	3.5	3.4	4.5	19.2	6
	油菜制种	4.8	2.7	4.8	4.5	4.8	21.6	3
	花椒	4.2	3.8	4.2	4	4.6	20.8	5
养殖业	育肥牛	4	4.1	4.9	4.6	4.5	22.1	2
	育肥羊	4.2	4.5	4.7	4.6	4.4	22.4	1
	奶牛	4.7	4.8	4.1	4.2	4.6	21.4	4
加工业	肉制品	4.3	2.2	3.2	3.9	4.4	18	7
	奶制品	4.7	1.8	2.6	3.5	4.7	17.3	8

五、"H"型评价分析

传统的评估方法具有过多地关注于技术层面，忽视发展项目活动对社区尤其是当地人在社会、生活等各方面带来的长期影响。"H"型评价是一种评估方法，它用可视形象化和民主评议的方法，调动农民参与对发展活动效果的讨论、分析，以打分和定性描述相结合的形式开展对特定项目活动或机构等对象的评价。

（1）目的：①客观、真实地对评估对象开展定性的分析；②对评估对象开展定量的评价。

（2）工具：大纸、记号笔、卡片、胶带、图钉等。

（3）步骤：①组织包括不同身份、不同性别在内的评估小组；②详细说明讨论的目的、方法、步骤、意义等内容；③由主持人协助大家讨论，明确需要进行评估的内容；④将大纸折为两竖一横，然后展开粘在墙上，按折印画出"H"型，将纸分为四个空间。左面写缺点、问题，右面写优点、成绩。中间的上方写讨论题目和大家打分的平均数，下方写改进建议。中央的隔离线的左端上标"0"分，右端标"10"分，也可以分别画上哭脸、笑脸表示"非常不满意"和"非常满意"；⑤可以首先请参加座谈的农民上来打分，然后请大家讨论发展活动的优点/成绩、缺点/问题，把大家交流的信息内容逐一写到大纸的适当位置上；⑥对写出的文字内容进行充分讨论并与所有参与者核实后，如果大家对自己的打分没有变动，可以计算、写出平均分；⑦最后针对缺点、问题，讨论并写出改进建议；⑧与所有参与者回顾、总结；⑨标注制作时间、地点、参与者信息等内容。

（4）注意事项：①主持人一定要保持中立，不能用先入为主的观点影响评估；②鼓励大家独立思考，行使自己的民主权利；③可以通过有针对性地提问及写卡片的形式避免少数人主导讨论过程；④尽量在安静、不受打扰的环境里打分，如果条件不具备，可以把大纸钉在一个板子上，背朝大家，让人们一个一个地到板子后面打分；⑤如果发现农民不好意思一开始就打分，也可以引导大家先谈缺点、问题，或先摆优点、成绩。然后，在全面讨论、分析、评价的基础上，请大家先后上来打分，计算、写出平均分。"H"型评价分析图例见图6-10。

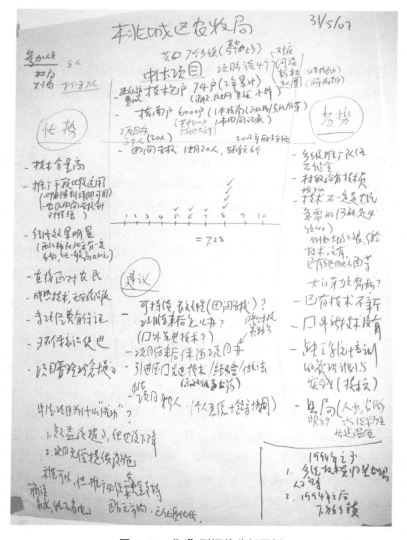

图6-10　"H"型评价分析图例

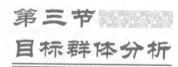

第三节
目标群体分析

一、经济状况分析

经济状况分析是分析目标群体在社区中的经济发展水平以及所能发挥的作用及其影响。经济状况分析所使用的工具主要包括社区农户类型划分与农户贫富或生活状况排序。

1. 社区农户类型划分

社区农户类型划分是一种非常有实用价值的工具，它可以帮助社区分析当地的社会经济状况，包括收入结构、贫困程度、与外界的联系途径等大量的信息。同时，社区农户类型划分可以为项目实施过程进行监测和评估。

（1）目的：①了解不同类型农户的需求及分化状况；②选择农户访谈对象或确定参与项目的农户；③为发展过程或设计中的项目活动提供监测与评估的依据。

（2）工具与材料：大纸、记号笔、胶带、图钉等。

（3）步骤：①组织包括 4～6 名当地人在内的讨论小组（村干部、农民代表、妇女等）；②在大纸上方写明某县某乡镇某村农户类型划分；③制作一个三栏的表格，在第一行分别填写"类型"、"特征"、"所占总户数比例"；④讨论并确定农户分类类型（三类：好、中等、差；四类：好、中等、差、极差；五类：极好、好、中等、差、极差）⑤讨论并确定农户分类标准（可以包括收入结构、劳力数量与质量、受教育情况、家庭负担、经营类型、债务、支出结构、生产生活设备等）与所占比例；⑥与所有参与者核实，进行总结、回顾讨论过程并做必要补充；⑦注明制作时间、地点、参与者。

（4）注意事项：①得出的结果不是人名单，而是分类的类型和标准；

②类型的划分应该完全按照参与者的意见并使用当地人熟悉的语言描述方式；③尽量避免使用一些绝对化的容易引起误会或不易在实际中获取的特征如"银行存款"、"人均收入"、"人均支出"等；④必要时可以在分类基础上讨论如"成功农户的经验"、"不同类型对发展的想法与需求"等。

2.富裕程度排序

社区人群中由于等级地位的不同、生产和生活资料的占有不同、生产和经营水平的不同以及文化健康等方面的差异，通常在富裕程度上产生差别，而不同富裕程度的农户有不同的发展需求。富裕程度或排序可以帮助我们进一步了解一个社区内所有农户之间的差异，其目的是将一个地域内的所有人口或每个村庄（自然村）根据贫困状况或经济条件进行排队，以便于项目活动及资金投入的优先选择。

（1）目的：①了解村内不同农户间贫富的差异并探讨其原因；②为后续的农户访谈的抽样提供依据；③为今后的针对发展结果的监测与评估提供基础资料（依据农户排名的变化）。

（2）工具与材料：大纸、记号笔、卡片或纸条、胶带；村或组花名册。

（3）步骤：

做法一步骤：①邀请4～10名当地人（尽量包括来自不同自然村的代表及妇女）作为排序的参与者；②每两人一组开展工作；③将全村所有农户的姓名分别写在小卡片或纸条上（一人一张）；④将写好名字的纸条或卡片交给参与者并请他们按照自己的观点进行贫富程度排队并标号（过程由参与者自己商量掌握）；⑤将分类标准写出来；⑥注明制作时间、地点、参与者等信息。

做法二步骤：①事先在大纸上制作表格，将全村农户的姓名由上至下写在最左侧的栏内并在对应的横向画出4～5列纵栏（数目根据参与者人数）；②所有参与者各自逐一在纵栏内为左侧的名单打分（按照事先定好的由贫至富或由富至贫的顺序，如5分表示最富，4分表示较富，3分表示一般，2分表示较穷，1分表示最穷或相反）；③在最右侧将每个名字后的分数相加，即可得到大致的贫富排序结果；④就结果再次询问所有参与者，对不同意见进行讨论并对结果进行必要调整；⑤将分类标准写出来；⑥注明制作时间、地点、参与者等信息。

（4）注意事项：①注意参与者的身份及性别比例，需要时也可分开男女小组进行排序；②尽量在相对封闭与安静的环境进行排序并注意不要中途打断参与者的讨论和排序；③当排序出现较大的出入时，即对同一个农户不同的人排出的结果有最富裕和最贫困时，需要进行比较性的询问再次确定；④根据发展项目活动的需要（如确定小额信贷的贷款户）在村民大会上将结果张榜公布；⑤注意在后续的抽样入户调查中交叉验证及与通过其他调查方法获得的结果相互核实。

二、社会关系分析

社会关系分析是分析目标群体生计框架中社会资本以及对社区发展所发挥的作用及影响。社会关系分析所使用的工具主要包括社区农户流动图、机构联系分析图。

1. 农户流动图

农户流动图可用来作为衡量农户的知识、交往、自由度、开放程度、见识的指标。这既是一种信息收集工具，也是一种分析工具。在一个社区中，个体的活动空间往往与权力、与外部资源的接近程度密切相关。一般讲，流动图很大程度上能够用于衡量农户或某个人在社区中的权威，分析农户贫穷与富裕的原因，分析性别差异与原因等。另外，可以用来分析农户的劳动力资源配置，劳动强度，不同性别的劳动分工，为设计今后的社区发展活动和合理配置发展资源提供依据。

（1）目的：①通过了解农户活动范围衡量不同农户与外界的交往能力；②了解农户获取信息的渠道与方式；③衡量不同农户与各类资源（服务、资金、社会关系等）的接近程度；④分析贫富原因分析、性别差异、不同性别的劳动分工及劳动强度。

（2）工具与材料：大纸、彩色记号笔、铅笔、胶带等。

（3）步骤：①在一张纸的上方标明某某户或某某人流动图；②在图

的中心位置画一符号代表农户家，将活动内容按照实际方向和大致距离比例写在或用卡片固定在周围并用线段连接；③在图上标出最远去过什么地方、去干什么、什么时间去的、方式等，内容包括外出打工、走亲访友、做生意、赶集、看病、参加培训、生产活动、旅游娱乐、妇女回娘家、买生活用品等活动在什么地方、距离多远；④在图上标出性别与活动频率（性别可用不同颜色线条标出；频率可用不同粗细的线条或加注文字的方式表达）；⑤与农户就流动图所展示的结果进行讨论、简单分析与总结；⑥补充修改流动图的内容，标明制作时间、地点、参与者。

（4）注意事项：①根据需要，可以分别询问丈夫和妻子、老年人和青年人，以了解不同性别、不同年龄和不同富裕程度的农户流动情况；②对活动空间的范围，不必追求比例尺上与方位上的精确。

农户流动图例见图6-11。

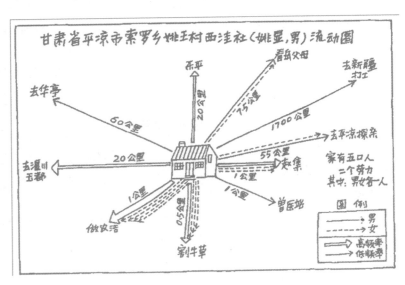

图6-11　农户流动图例

2. 机构联系分析图

机构联系分析图可以用来分析社区或社区中的农户与当地政府管理

与服务部门、技术推广部门、企业、市场等外界机构的联系，也可以用来分析机构之间的关系。

（1）目的：①了解农户或社区与周边各种机构（管理和服务机构）的交互关系；②了解与社区相关的各种组织的类型（政府组织、民间组织；行政组织、技术组织、经济组织等），各组织间的相互联系以及它们在社区发展中的作用；③明确与社区发展有关的机构（主要为政府部门）的职能及其在社区发展中可能的结合点。

（2）工具与材料：大纸、彩色记号笔、卡片、胶带等。

（3）步骤：①在大纸上方写上某县某乡镇某社区（或农户）机构联系图；②讨论并明确与社区发展活动有关系的组织机构；③将社区名称标示（写或贴卡片）在大纸的中间，将各类相关组织的名称写或放置在周围；④在每个机构名称下用不同数量的"+"或"-"号表示与社区的主要关系或用不同粗细和颜色的线条表示；⑤制作一张表格，注明机构名称、主要职能、对目前表现的评价、需求及建议；⑥标注制作时间、地点及参与人员。

机构联系分析表样例见表6-6，图例见图6-12。技术人员服务活动图例见图6-13。

表6-6　机构联系分析表样例

机构名称	与社区有关的主要职能	对目前表现的评价	社区的具体需求	建议

（4）注意事项：①注意讨论不同人对不同机构看法上的差异，争取达成共识；②最好用线条表示关系；用表格表示对关系的分析。

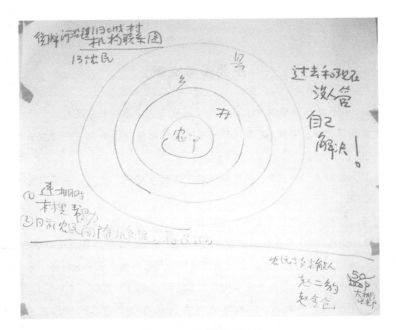

图6-12 机构联系图例

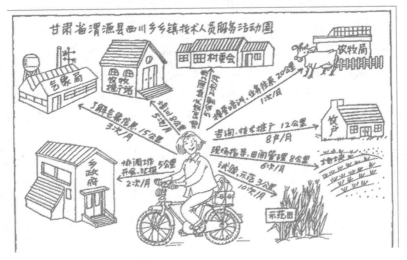

图6-13 技术人员服务活动图例

主要参考文献

［1］王德海. 农村发展传播学［M］. 北京：中国农业大学出版社，2012.

［2］吴建繁，肖长坤，石尚柏. 农民田间学校建设指南［M］. 北京：中国农业大学出版社，2010.

［3］王德海，魏荣贵，吴建繁. 农民培训需求调研指南［M］. 北京：中国农业大学出版社，2009.

［4］王德海. 农业推广［M］. 北京：中央广播电视大学出版社，2006.

［5］王德海，李凡. 参与式农村工作方法（UNICEF农村妇女能力建设培训手册）. 2005.

［6］刘玉凤. 参与式农业技术推广方法的应用研究［J］. 中国农业科技导报，2005（7）.

［7］高启杰. 论农业技术发展中的农民参与［J］. 古今农业，2004（4）.

［8］左停，李小云，齐顾波. 技术发展与农民参与［M］. 北京：中国农业出版社，2003.

［9］王德，周圣坤. 发展培训教程［M］. 北京：中国农业大学出版社，2004.

［10］王德海等. 现代培训的理论与方法［M］. 北京：中国农业出版社，1997.

［11］王德海. 推广项目管理的理论与方法［M］. 北京：中国农业出版社，1997.

［12］FAO. Farming System Development[M]. FAO, Rome, 1990.

［13］DW Norman. The farming systems approach: A historical perspective invited for presentation at the 17th Symposium of the International Farming Systems Association[R]. Florida, 2002.

［14］FAO. Improving agricultural extension—A reference manual[M]. Rome, 1997.